Madina Bekchanova

# Serviços ecossistémicos culturais no Parque Natural Nacional de Ugam Chatkal

Madina Bekchanova

# Serviços ecossistémicos culturais no Parque Natural Nacional de Ugam Chatkal

## Mapeamento dos serviços ecossistémicos culturais em diferentes paisagens do Parque Natural Nacional Uzbeque Ugam Chatkal

ScienciaScripts

**Imprint**



Cover image: www.ingimage.com

This book is a translation from the original published under ISBN 978-620-2-30274-6.

Publisher:
Sciencia Scripts
is a trademark of
Dodo Books Indian Ocean Ltd. and OmniScriptum S.R.L publishing group

120 High Road, East Finchley, London, N2 9ED, United Kingdom
Str. Armeneasca 28/1, office 1, Chisinau MD-2012, Republic of Moldova, Europe
Managing Directors: Ieva Konstantinova, Victoria Ursu
info@omniscriptum.com

Printed at: see last page
**ISBN: 978-620-8-54969-5**

## Agradecimentos

Em primeiro lugar, gostaria de expressar a minha sincera gratidão aos coordenadores do projeto ERASMUS MUNDUS "TIMUR", que me proporcionaram a oportunidade de estudar na Universidade de Wageningen, nos Países Baixos.

Gostaria de agradecer ao Dr. A. Pulatov, diretor do centro EcoGIS, que apoiou o meu trabalho desta forma e me ajudou a obter resultados de melhor qualidade. Um agradecimento adicional a Ewa Wietsma, que me deu conselhos úteis e confiança.

Estou também muito grato a Andre van Amstel por ter supervisionado a minha tese e pelas suas valiosas sugestões e observações sobre a minha investigação.

Além disso, gostaria de agradecer especialmente a Jasmina Gerts pelo seu apoio durante a análise dos meus resultados e por me ter ensinado diferentes aplicações das ferramentas SIG.

Por último, mas não menos importante, gostaria de agradecer aos meus pais pelo seu apoio espiritual durante o meu estágio. Ao mesmo tempo, gostaria de expressar a minha profunda gratidão à minha irmã Iroda Bekchanova por me ter dado força moral e espiritual durante a realização da minha tese.

Para além disso, gostaria de expressar a minha mais profunda gratidão aos meus amigos Umida Solieva e Kuddusbek Tashpulatov pela sua paciência, apoio inestimável e encorajamento nos estudos. Um agradecimento especial ao meu colega de curso e amigo Merijn Slagter pela sua motivação.

# Resumo

As paisagens fornecem muitos serviços ecossistémicos, como alimentos e fibras, sequestro de carbono, possibilidades de recreio e beleza estética ou espiritualidade. Estes três últimos serviços são serviços ecossistémicos culturais, que raramente são estudados e cuja distribuição espacial é mal conhecida. Desenvolvi e apliquei um quadro para classificar e cartografar a prestação de serviços ecossistémicos culturais tal como são vividos pelos turistas no Parque Natural Nacional de Ugam Chatkal, situado na região uzbeque de Tashkent.

Neste estudo, um inquérito por questionário com base em fotografias é combinado com imagens cartográficas de diferentes tipos de paisagem para obter áreas de pontos quentes e frios de serviços de ecossistemas culturais. Os antecedentes sócio-demográficos dos turistas sobre a forma como percepcionam estes serviços são analisados estatisticamente.

Cada serviço de ecossistema cultural mostra um padrão espacial distinto na sua distribuição e nas diferentes paisagens (i.e. lagos naturais, prados tradicionais e florestas) em que ocorrem. Especificamente, as paisagens das terras médias entre 1200m e 3500m acima do nível do mar são consideradas como áreas de acesso para actividades recreativas, beleza estética e espiritualidade. As zonas montanhosas acima de 3500 m oferecem principalmente património cultural e actividades recreativas. As planícies abaixo dos 1200 m não prestam serviços importantes. No entanto, têm um papel considerável na prestação de diversos serviços ecossistémicos culturais aos turistas.

Os meus resultados demonstram que a perceção do turista é mais influenciada pela nacionalidade e pelo grau de instrução. Outros factores, como o sexo, a idade e o comportamento ambiental, têm uma importância menor na definição das percepções dos turistas.

Concluo que a informação espacial sobre a prestação de serviços ecossistémicos culturais pode ajudar os gestores dos parques nacionais a conceber políticas de ordenamento do território que incluam estes serviços.



**Palavras-Chave:** serviços ecossistémicos culturais, perceção pública, mapeamento, modelo linear generalizado misto, modelo de regressão binomial

**Conteúdo**

# Capítulo 1

## 1. Introdução

### 1.1. Contexto do estudo

Sabe-se que as paisagens naturais, como as montanhas, os lagos e as florestas, prestam vários serviços às pessoas (MA, 2003). As paisagens são as principais fontes de serviços ecossistémicos de aprovisionamento, regulação e culturais (CES). Os serviços ecossistémicos culturais proporcionam benefícios não materiais e incluem a recreação, a estética ou a espiritualidade (Tengberg et al., 2012). As paisagens têm caraterísticas multifuncionais, que apoiam as necessidades humanas e desempenham um papel valioso na sobrevivência humana (Plieninger et al., 2006). No entanto, nas últimas décadas, muitas paisagens multifuncionais, que podem prestar diferentes serviços ecossistémicos, estão a ser convertidas em tipos de utilização do solo monofuncionais, como as terras agrícolas. A razão para estes empreendimentos é que os benefícios proporcionados pelas paisagens multifuncionais não foram tidos em consideração no planeamento ambiental e na tomada de decisões. Além disso, é difícil quantificar os valores destas paisagens através de uma análise económica baseada no mercado. Por conseguinte, a maior parte das políticas de ordenamento do território têm de ser adoptadas com base em informações incompletas (de Groot, 2005). Esta falta de conhecimento pode levar à adoção de políticas inadequadas (Leibel, N., 2011). Como consequência, muitas paisagens tradicionalmente utilizadas, tais como as idiossincrasias da história da cultura nacional e as relações específicas entre o homem e a natureza, são postas em risco (Plieninger et al., 2006; Fontana et al., 2013). As modificações na estrutura e na configuração da paisagem são apontadas como uma das causas da degradação da qualidade visual da paisagem. Esta qualidade visual é valorizada por diferentes partes interessadas, incluindo os turistas (Fyhri et al., 2009). Em particular, todas estas conversões têm um impacto negativo no fornecimento de CES. Além disso, a probabilidade de recuperar as CES danificadas é muitas vezes quase impossível. A conversão de paisagens em paisagens monoculturais pode causar vários problemas relacionados com a recuperação e estabilização ambiental (MA, 2005).

A conceção particular dos serviços ecosistémicos depende geralmente do paradigma das ciências naturais, o que complica a utilização do conceito de SCE. Os serviços ecossistémicos distinguem-se pelas suas caraterísticas específicas, o que significa que estes serviços não são fenómenos puramente ecológicos, mas representam a consequência de associações complexas e dinâmicas entre os ecossistemas e os seres humanos em paisagens que se mantêm durante um longo período de tempo (Fagerholm et al., 2012). É evidente em alguns dos trabalhos publicados pelos investigadores sobre serviços ecossistémicos que os académicos implementaram principalmente estudos que dependem das ciências naturais e da economia. A investigação destes métodos na avaliação dos CES é considerada complicada. Por esta razão, dois por cento de todo o seu relatório de Avaliação do Milénio (MA) é dedicado a CES (MA, 2005). Além disso, a avaliação da Economia dos Ecossistemas e da Biodiversidade (TEEB, 2010) apenas apoia uma análise abrangente dos serviços ecossistémicos, enquanto os seus valores culturais intangíveis não são incluídos na análise. A escassez de dados sobre os serviços ecossistémicos pode provocar avaliações tendenciosas dos ecossistemas e do planeamento da paisagem, impedindo a sua integração nas políticas de proteção e dificultando a criação de laços importantes entre a sociedade e a natureza (Chan et al., 2011). A análise global atual salientou que, mesmo que os seres humanos se tornem menos dependentes dos serviços de aprovisionamento e regulação, a sua procura de CES nunca diminui (Guo et al., 2010).

## 1.2. Declaração do problema

Os CES são essenciais para proporcionar mediação, religião, tranquilidade e muito conhecimento (MA, 2005). Apesar da sua importância, a investigação sobre os valores dos CES é insuficiente e pouco se sabe sobre a sua distribuição espacial em diferentes paisagens. Uma das principais razões para isso é o facto de ser difícil associar claramente as espécies cénicas e outros componentes dos ecossistemas (Vejre et al., 2010). Consequentemente, os CES dificilmente são considerados em muitas avaliações de serviços ecossistémicos (Plieninger et al., 2013). Além disso, existem poucos indicadores disponíveis para avaliar os serviços ecossistémicos, enquanto numerosos indicadores medem outros serviços ecossistémicos (Feld et al., 2009). Como resultado, a avaliação do CES é vista como complicada (Plieninger et al., 2013). Embora existam alguns métodos de avaliação (ou seja, experiências de escolha, disponibilidade para pagar) para o turismo e os serviços estéticos, outros serviços ecossistémicos, como os serviços religiosos e espirituais, continuam a ser resistentes à avaliação monetária, uma vez que estes elementos ecossistémicos são incomensuráveis (Chan et al., 2011). Por conseguinte, os cientistas debatem-se com métodos de avaliação inadequados para demonstrar a importância dos serviços de interesse comum e o seu papel no bem-estar humano (Kumar e Kumar, 2008).

Um desafio adicional é o carácter intangível dos serviços ecossistémicos e a sua diferente estimativa por várias partes interessadas (Van Berkel e Verburg, 2014). Ao contrário de outros serviços de um ecossistema, que podem ser medidos com base na existência de seres humanos (abastecimento de água e serviços de regulação), os CES estão intimamente ligados a sistemas de valores pessoais e locais (Pejchar e Mooney, 2009).

Dada a falta de informação sobre o valor das CES, os dados sobre o potencial das paisagens para fornecer estes serviços também são deficitários. Consequentemente, os serviços ecológicos raramente são considerados no processo de planeamento e conceção de oportunidades de utilização dos solos.

As paisagens do Usbequistão são ricas na prestação de vários serviços ecossistémicos, como a alimentação, o algodão e a madeira. Têm também um papel valioso no fornecimento de benefícios não materiais (ou seja, CES), como a espiritualidade ou os valores estéticos (Shukurov et al., 2005). Infelizmente, várias actividades antropogénicas, como a agricultura intensiva, o sobrepastoreio de áreas naturais e a poluição industrial, estão a degradar a maioria dos serviços ecossistémicos no Uzbequistão (PNUD, 2015).

É necessária investigação suficiente sobre a gestão da paisagem e a oferta de CES para informar os decisores e os gestores dos parques. É extremamente importante efetuar investigação no Uzbequistão, onde o problema ainda não foi investigado de forma adequada. A administração do Parque Natural Nacional de Ugam Chatkal (UCNNP) salientou alguns problemas relacionados com a degradação de algumas paisagens valiosas e de CES, tais como

- Falta de conhecimento sobre as paisagens existentes na UCNNP;
- Falta de conhecimento da CES e dos seus elementos proporcionados pelas paisagens do parque;
- Informação insuficiente sobre o fornecimento de CES por diferentes paisagens.

Foram efectuados alguns estudos para analisar algumas componentes das CES. No entanto, as CES da UCNNP ainda não foram aprendidas de forma sistemática. A maioria dos estudos efectuou uma análise qualitativa, enquanto a sua distribuição espacial quase não foi investigada. Por conseguinte, o objetivo da investigação é reduzir, em certa medida, estes défices e proporcionar um valor razoável aos decisores políticos.

## 1.3. Objetivo de investigação do estudo

Esta pesquisa tem como objetivo estudar os serviços ecossistêmicos culturais em diferentes paisagens da UCNNP, identificando e mapeando a oferta potencial de quatro CES na paisagem, conforme percebida pelos turistas. Para atingir este objetivo, foram formuladas algumas questões de investigação.

## 1.4. Questões de investigação

RQ1- Quais são os CES proporcionados pelas paisagens da UCNNP?
RQ2- Como se distribuem espacialmente as paisagens da UCNNP?
RQ3- Como os turistas percebem o CES fornecido pelas paisagens da UCNNP?
RQ4- Qual é o potencial das paisagens da UCNNP para fornecer CES?
RQ5- Que factores sócio-demográficos influenciam a perceção da oferta de CES?

## 1.5. Importância da investigação

A maior parte da investigação centra-se na avaliação dos valores e das caraterísticas físicas dos serviços dos ecossistemas. No entanto, existe uma falta de estudos direcionados para a investigação dos SCE em diferentes paisagens, tendo em conta a sensibilização e os interesses do público. Devido à escassez de pesquisas sobre os SACs, decisões irregulares sobre os SACs e as paisagens tendem a continuar. Esta investigação tem como objetivo estudar o CES em diferentes paisagens da UCNNP, Uzbequistão. A análise dos serviços culturais da UCNNP e da sua perceção pública é significativamente importante para identificar estratégias de gestão adequadas que mantenham o equilíbrio entre os interesses das principais partes interessadas. O mapeamento dos serviços culturais em diferentes paisagens do parque nacional, de acordo com a perceção dos turistas, pode ser útil no processo de tomada de decisões, tendo em conta a importância das paisagens no fornecimento de vários serviços culturais. Simultaneamente, a administração da UCNNP pode utilizar os resultados da investigação como uma ferramenta eficaz no seu sistema de gestão.

## 1.6 Organização da tese

Este estudo inclui cinco capítulos. O Capítulo 1 apresenta informações básicas sobre os serviços ecossistêmicos culturais e sua associação com as paisagens. Além disso, a formulação do problema relativo ao conceito de serviços de ecossistemas culturais no Uzbequistão e na UCNNP está incluída neste capítulo. Depois, o objetivo do estudo é formulado juntamente com as questões de investigação. Além disso, esta secção apresenta um esboço da importância do estudo e do seu papel no processo de tomada de decisões.

Uma tipologia que é usada no estudo está incluída no Capítulo 2. Este capítulo dá uma visão geral dos serviços ecosistémicos e uma abordagem integrada dos serviços ecosistémicos culturais. Adicionalmente, uma tipologia dos serviços ecosistémicos culturais e um quadro concetual são enquadrados neste capítulo.

A tónica principal do capítulo 3 é a descrição da metodologia (como são obtidas as respostas às questões de investigação), que é investigada para este estudo. Este capítulo esclarece como, onde e quando foram acumulados os dados primários e secundários. De seguida, são discutidas as estratégias que foram utilizadas para a análise dos dados. Além disso, esta parte do estudo fornece informações detalhadas sobre a área de estudo e as suas caraterísticas físicas, bem como sobre a situação socioeconómica da região.

Os resultados da investigação são apresentados no Capítulo 4. A primeira parte deste capítulo dá uma resposta clara à RQ1, constituindo dados sobre quatro ecossistemas culturais fornecidos pelas paisagens do parque nacional. Além disso, a RQ2 é abordada nesta parte da investigação através da investigação de ferramentas SIG. Segue-se a discussão da RQ3 e da RQ4, que descreve a perceção dos turistas sobre estes serviços prestados pelas diferentes paisagens do PNUCN e o mapeamento da perceção dos inquiridos. Além disso, a análise estatística das caraterísticas sócio-demográficas dos inquiridos e a sua influência na perceção dos turistas estão incluídas nesta parte da investigação, o que responde à RQ5. Esta investigação é finalizada com a discussão que inclui os pontos fracos derrotados antes do início do inquérito e a comparação dos resultados desta investigação com os resultados de estudos de caso semelhantes.

# Capítulo 2

## 2. Revisão da literatura

Neste capítulo, é analisada a literatura existente relacionada com o tema da investigação e a informação sobre a tipologia. A revisão de diferentes artigos descreve as seguintes caraterísticas:

- Visão geral dos serviços ecosistémicos e da sua importância;
- Importância dos serviços ecossistémicos culturais;
- Classificação dos serviços ecosistémicos culturais e
- Importância da perceção pública no estudo dos serviços ecossistémicos culturais.

## 2.1.Panorama geral dos serviços ecosistémicos

Nas últimas décadas, o conceito de serviços ecossistémicos é reconhecido como uma ferramenta eficaz para estabelecer uma ponte de comunicação entre os cientistas e os decisores (Gomez-Baggethun et al., 2010). Na década de 1990, os cientistas começaram a interessar-se pelo próprio conceito. O conceito foi descoberto no final dos anos 70 e provou a sua importância ao encontrar métodos para avaliar o valor económico dos serviços ecosistémicos (Costanza et al., 1997). No início dos anos 2000, com incentivos governamentais, do sector privado, de organizações não-governamentais e de cientistas - foi criada a Avaliação do Milénio (MA) para apoiar uma avaliação integrada dos custos da perda de ecossistemas para o bem-estar humano e para encontrar opções disponíveis para impulsionar a preservação dos ecossistemas e os seus inúmeros contributos para a satisfação das necessidades humanas (MA, 2005).

MA afirmou que a maioria dos serviços ecossistémicos está a sofrer um declínio, o que pode conduzir, direta ou indiretamente, à deterioração das condições de saúde da população da Terra, à insegurança dos serviços alimentares, ao aumento da exposição a uma menor riqueza material, à deterioração das relações sociais, etc. Estas perdas de serviços ecossistémicos devem-se principalmente à continuação das actividades antropogénicas. As actividades antropogénicas têm sido muito criticadas por afectarem negativamente a biodiversidade. A partir desta mensagem urgente do MA, pode perceber-se que os serviços ecosistémicos não são apenas necessários para a provisão de alimentos, mas têm um papel vital na preservação da saúde humana e da sua sobrevivência (Daily, 1997; Costanza et al., 1998). As ligações multifacetadas entre as pessoas e os ecossistemas sublinharam a necessidade de expandir a investigação sobre a prestação de serviços e a investigação tem-se centrado na análise dos serviços ecossistémicos (Bennett et al., 2009; Costanza et al., 1997; Egoh et al., 2007; Garda-Nieto et al., 2013).

Desde a tentativa do MA para conservar os serviços ecossistémicos, a maioria da investigação do globo concentrou-se em caraterizar, quantificar e medir os serviços ecossistémicos através de termos monetários e não monetários para adotar uma política adequada sobre a gestão dos serviços ecossistémicos (Chen et al., 2006; Naidoo et al., 2008; Bateman et al., 2010). Sem apoiar a avaliação económica dos serviços ecossistémicos, é difícil representar a importância dos serviços ecossistémicos para os decisores. A avaliação dos serviços ecossistémicos pode garantir a execução de políticas adequadas, que podem sustentar os ecossistemas à nossa volta (Layke, 2009; TEEB, 2009). Além disso, a valorização dos serviços ecossistémicos a partir da perspetiva de valores sociais e ambientais também são importantes como valores económicos dos serviços ecossistémicos (de Groot, 2010).

Nos últimos anos, vários projectos foram abordados para avaliar os serviços ecosistémicos no Uzbequistão. O objetivo destes projectos era determinar os problemas actuais que dificultam os serviços ecosistémicos e encontrar formas de aliviar estes problemas. Entretanto, estes projectos serviram para adotar opções políticas apropriadas para os serviços ecosistémicos. A título de exemplo, os projetos do PNUD são dedicados à conservação da biodiversidade das áreas protegidas no Uzbequistão e preservam espécies ameaçadas, como os leopardos-das-neves (PNUD, 2015). O projeto do centro ambiental regional para a Ásia Central (CAREC) foi dedicado à introdução do conceito de pagamentos por serviços ecossistémicos no Uzbequistão (CAREC, 2013). Além disso, estudantes locais e internacionais têm estado a fazer investigação para medir os benefícios proporcionados pelos ecossistemas do Uzbequistão.

## 2.2. Tipologia dos serviços ecosistémicos

Com base na definição do MA de serviços ecossistémicos, estes podem ser definidos como "benefícios que as pessoas obtêm dos ecossistemas" (MA, 2005). A primeira categorização clara dos serviços ecossistémicos foi realizada pelo MA, tais como: abastecimento (alimentos, madeira, água doce), regulação (estabilidade climática, controlo de inundações e etc.) e serviços culturais (recreação, estética, espiritualidade e património cultural) (Walpole et al. 2011). Esta categorização é admitida globalmente e aplicada para avaliações sub-globais. Existem outras classificações efectuadas pela The Economics of Ecosystems and Biodiversity (TEEB) e pela Common International Classification of Ecosystem Services (CICES). A classificação dos serviços ecossistémicos TEEB é estabelecida com base na categorização MA e pode ser vista como a versão actualizada dos estudos MA (Walpole et al. 2011). No entanto, a abordagem de classificação TEEB varia ligeiramente da classificação MA. A categorização TEEB omitiu os serviços de apoio e os SE são classificados como serviços de aprovisionamento, de regulação, culturais e de habitat. A razão para a omissão dos serviços de apoio é o facto de serem vistos como um subconjunto do processo ecológico, ao passo que os serviços de habitat são destacados como importantes para apoiar o habitat das espécies migratórias (Lead et al., 2010).

Este estudo baseia-se na classificação de serviços ecosistémicos do MA (MA, 2005). Esta classificação inclui quatro tipos de serviços ecossistémicos, descritos abaixo:

*Os serviços de aprovisionamento* podem ser definidos como os produtos que podem ser obtidos dos ecossistemas, tais como: alimentos, fibras e energia.

*Os serviços de regulação* são os benefícios adquiridos através da regulação do processo ecosistémico, como a polinização, a dispersão de sementes, a regulação de pragas, a filtragem do ar e da água.

*Os serviços culturais* referem-se aos benefícios não materiais que podem ser obtidos dos ecossistemas, tais como: enriquecimento espiritual, desenvolvimento cognitivo, recreação e experiências estéticas.

*Os serviços de apoio* são funções ecológicas, como o ciclo de nutrientes e a formação do solo, que são consideradas importantes para a produção de todos os serviços ecossistémicos.

Todos os serviços ecossistémicos acima mencionados estão listados no Quadro 1.

Quadro 1. Tipologia dos serviços ecossistémicos

(Adaptado de MA, 2005)

| | MA Classification of ecosystem services |
|---|---|
| | *Provisioning services* |
| 1 | Food (e.g. fish, game, fruit) |
| 2 | Fresh water |
| 3 | Wood and fiber |
| 4 | Fuel |
| | *Regulating services* |
| 5 | Climate regulation |
| 6 | Flood regulation |
| 7 | Disease regulation |
| 8 | Water purification |
| | *Cultural services* |
| 9 | Aesthetic |
| 10 | Spiritual |
| 11 | Educational |
| 12 | Recreational |
| | *Supporting services* |
| 13 | Nutrient cycling |
| 14 | Soil formation |
| 15 | Primary production |

**2.3. Tipologia dos serviços ecosistémicos culturais usados no estudo**

Como os serviços ecossistémicos culturais são um dos quatro pilares dos serviços ecossistémicos, são considerados significativamente importantes. No entanto, em comparação com os outros compartimentos dos serviços ecossistémicos, como os serviços de aprovisionamento e de regulação, considera-se que os SCC têm um efeito reduzido no bem-estar humano. No entanto, os CES são ricos em proporcionar mediação, paz religiosa e grande quantidade de conhecimento (MA, 2005). Os SCE são definidos pelo MA como "os benefícios não materiais que as pessoas obtêm dos ecossistemas através do enriquecimento espiritual, do desenvolvimento cognitivo, da reflexão, da recreação e das experiências estéticas" (MA, 2005). As categorias de CES desenvolveram-se consideravelmente desde as primeiras classificações de , reconhecendo apenas os valores recreativos e culturais

(Costanza et al., 1997). O quadro é desenvolvido e alargado pelo MA em 2005. As categorias seguintes foram criadas pelo MA (2005).

**Tabela 2. Classificação dos serviços ecosistémicos culturais (Adaptado de MA, 2005)**

| **Cultural ecosystem services** | |
|---|---|
| Aesthetic service | These benefits of CES are derived through feeling, seeing, hearing, smelling and touching the nature. |
| Spiritual and religious service | One of the priorities of CES is the provision of spiritual and religious benefits that are derived from specific places, features, species and practices. |
| Cultural heritage | Landscapes, places or species are valued for historical importance and these landscapes connect people to ancestors, practices and beliefs and evoke memories. |
| Recreation and ecotourism | Opportunities for recreational activities, which are provided by nature, are appreciated by local people and tourists. |
| Inspirational service | A rich source of inspiration for art, folklore, national symbols, architecture, and advertising. |
| Sense of place | Ecosystems as a central pillar of "sense of place", a concept often used in relation to those characteristics that make a place special or unique and to those that foster a sense of authentic human attachment and belonging. |
| Educational service | Ecosystems and their elements supply the basis for both formal and informal education in many societies. Furthermore, the types of knowledge systems developed by different cultures can be influenced by ecosystems. |

Esta investigação centra-se principalmente em quatro elementos do CES, incluindo os valores espirituais e religiosos, o património cultural, as actividades recreativas e os valores estéticos.

## 2.4. Mapear a importância dos serviços ecosistémicos culturais através da perceção humana

Avaliar o valor dos CES não é o mesmo que avaliar os serviços de aprovisionamento e regulação (Zoderer et al., 2016). A valorização dos SCE é intangível, o que realça a necessidade de uma ferramenta abrangente que possa apresentar a importância dos SCE aos decisores e à sociedade. Uma das ferramentas mais bem sucedidas para determinar a importância dos SCE é a utilização de ferramentas de mapeamento (Raymond et al., 2009). As práticas de cartografia são uma ferramenta eficaz para obter informações sobre as realidades socioculturais das comunidades, regiões, paisagens e ecossistemas (Ryan, 2011). Ao mesmo tempo, todas as capacidades das paisagens podem ser descritas através da cartografia e esta pode ser utilizada para lidar com a análise de compromissos (de Groot, 2006). Outra caraterística distintiva da cartografia da prestação de serviços é o facto de representar a localização espacial dos serviços em diferentes paisagens (Swetnam et al., 2011). Além disso, esse método é uma ferramenta poderosa para representar o valor desses serviços de diferentes paisagens para tomadores de decisão e especialistas (Plieninger et al., 2013). Por outras palavras, a cartografia dos CES pode ser útil para descrever a importância das áreas para a gestão futura.

Na maioria dos casos, a importância da CES pode ser avaliada pela perceção das pessoas. O papel das pessoas no mapeamento do fornecimento de CES em diferentes paisagens é imperativo (Zoderer et al., 2016). Em particular, as percepções e preferências dos turistas e dos cidadãos facilitam a localização dos ecossistemas altamente preferidos numa paisagem. Particularmente, no mapeamento de CES, a perceção humana permite encontrar hotspots de CES (Bryan et al., 2010).

### 2.5. Quadro concetual utilizado no estudo

Alguns estudos semelhantes (Zoderer et al., 2016; Plieninger et al., 2013; Paudyal et al., 2015; Fagerholm et al., 2012) foram realizados para determinar e mapear a prestação de serviços ecossistémicos culturais, tal como percebidos pelos turistas. Estes estudos revelaram diferentes quadros conceptuais, que podem ser praticamente utilizados em pesquisas semelhantes. O quadro concetual, desenvolvido por Zoderer (2016), foi a principal fonte para a criação deste quadro concetual. Este quadro une as caraterísticas da paisagem e a perceção dos turistas sobre o potencial da paisagem para prestar serviços ecossistémicos culturais (Figura 1).

Para obter resultados apropriados para cada questão de investigação, foram investigadas variáveis adequadas. A perceção dos turistas sobre as CES, que são abordadas na RQ3 do estudo, foi identificada com base em variáveis como o tipo de paisagem (montanhas altas, lagos naturais, floresta, área residencial, pastagens e prados tradicionais) e o tipo de CES (actividades recreativas, beleza estética, espiritualidade e património cultural). O potencial da paisagem para fornecer CES foi mapeado com base nos resultados da perceção dos turistas. Adicionalmente, os factores determinantes (RQ5) que podem influenciar a perceção dos turistas foram analisados através da investigação das caraterísticas sociodemográficas (idade, sexo, nacionalidade e nível de escolaridade) e do comportamento ambiental (conhecimento ambiental e pertença a uma organização ambiental).

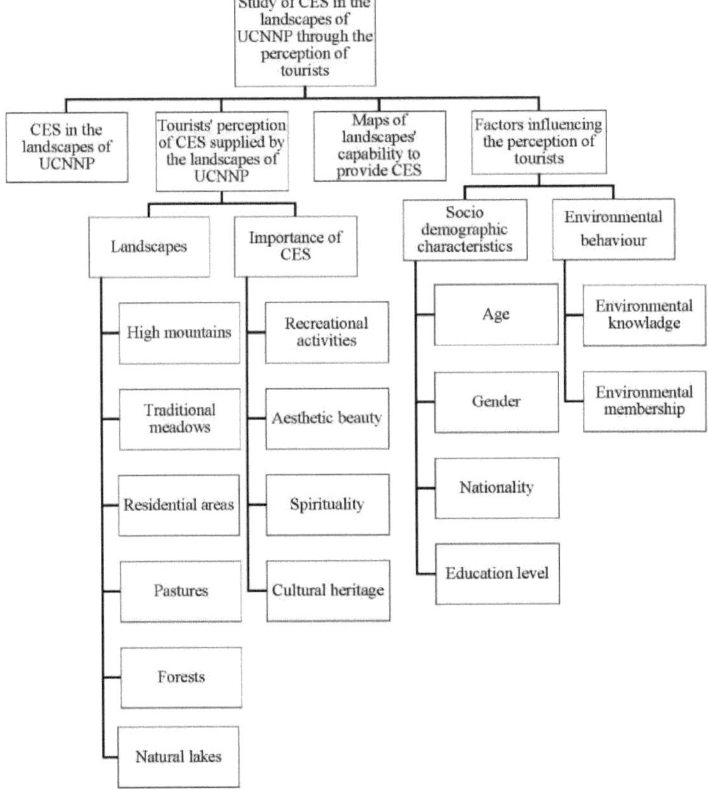


**Figura 1. Quadro concetual**

# Capítulo 3

## 3. Metodologia

### 3.1 Descrição da área de estudo

#### 3.1.1. Panorama geral

A República do Uzbequistão faz fronteira com o Cazaquistão a norte, com o Turquemenistão e o Afeganistão a sul e com o Quirguistão e o Tajiquistão a leste (Figura 2) e está localizada entre os dois principais rios da Ásia Central, o Amu Darya e o Syrdarya (PNUD, 2015). A área total do Uzbequistão é de 447 400 quilómetros quadrados e aproximadamente 85% da área é constituída por deserto e semi-deserto.

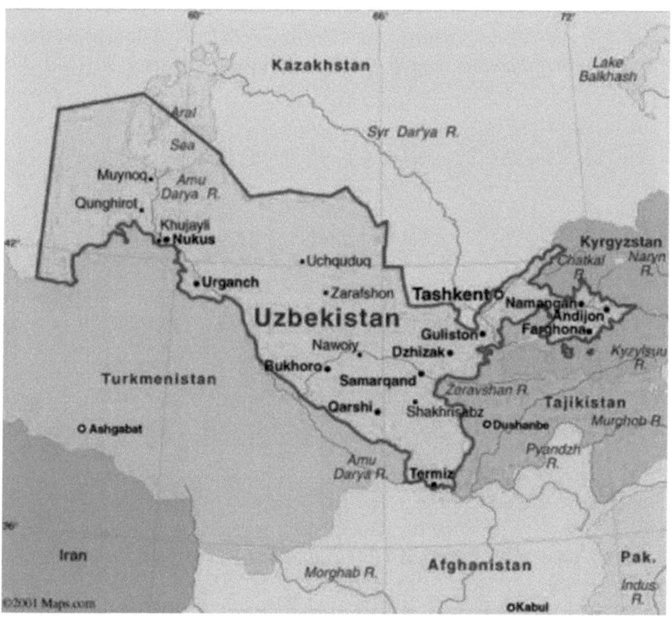


**Figura 2. Mapa da República do Usbequistão[2]**

A região é composta por uma área desértica, incluindo o maior deserto da Ásia Central, o Kyzylkum. Estas zonas desérticas fazem fronteira com os sistemas montanhosos de Tien Shan e Gissar-Alai, a leste e a sudeste. O património de áreas protegidas do Usbequistão é composto por: nove reservas naturais estritas (zapovedniks), dois parques nacionais, nove reservas estatais para fins especiais e dois memoriais naturais estatais. A biodiversidade de importância universal do Uzbequistão é salvaguardada por um sistema de zonas protegidas, que cobrem 5,57% do território. A população

[2] A imagem foi obtida em

total é de 30,7 milhões de pessoas, de acordo com o relatório anual do Uzbequistão (BTI, 2016)

As zonas florestais representam 7% da área total (PNUD, 2015), enquanto um quinto do Uzbequistão está coberto por zonas montanhosas. 68% do território do Tien Shan Ocidental situa-se no Quirguizistão, enquanto apenas 17% do Tian-Shan Ocidental está situado no território da República do Usbequistão (Ianov et al., 2005). Embora uma percentagem reduzida se situe no Uzbequistão, esta zona tem um valor considerável na medida em que fornece à sociedade flora e fauna e paisagens diversificadas. A zona proporciona serviços vitais para a sobrevivência humana, tais como fluxos de água limpos e fiáveis, solos produtivos, florestas saudáveis, ar puro, oportunidades para actividades de lazer e capacidade de regulação do clima. Por conseguinte, a zona é considerada uma zona ecológica fundamental (Shukurov et al., 2005).

### 3.1.2. Zona de estudo

Em 1990, o Parque Natural Nacional de Ugam Chatkal foi criado para preservar os objectos naturais do Tien Shan Ocidental. O parque tem valor ecológico, histórico e estético e é utilizado para fins ambientais, recreativos, educativos, científicos e culturais. A área total do parque nacional é de 574,6 mil hectares, que foi originalmente submetida ao Comité Florestal Estatal (PNUD, 2015).

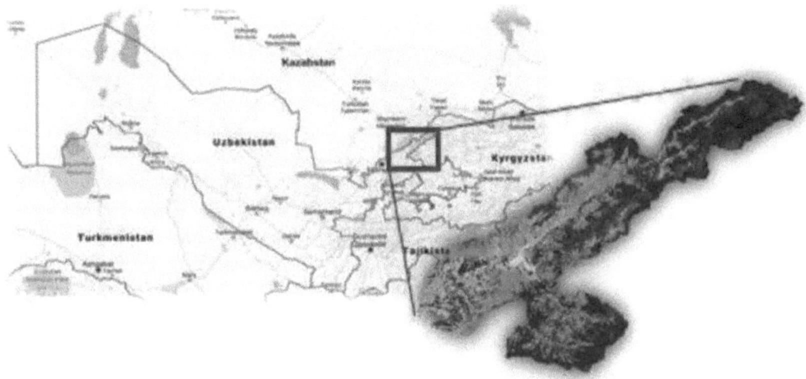

**Figura 3. Área de estudo. Mapa do Parque Natural Nacional de Ugam Chatkal**

O parque nacional está localizado no território dos distritos de Bostanlyk e Parkent da região de Tashkent. A maior parte da área está coberta por rochas e encostas pedregosas, com 329,4 mil hectares, enquanto outras partes consistem em pastagens e campos de feno, com 177,3 mil hectares. O parque nacional tem uma área florestal valiosa, que ascende a 56,4 mil hectares, e uma pequena parte da área está relacionada com terrenos de irrigação, que equivalem a 1,61 mil hectares. O território do parque nacional situa-se na faixa de altitude de 900 a 4216 m. e abrange as cinturas de montanhas baixas, médias e altas das cordilheiras de Ugam, Maydantal, Pskem, Koksay, montanhas médias e altas da cordilheira de Chatkal. O território do parque é dominado por paisagens de média e alta montanha com um relevo desmembrado. Esta é a maior área protegida entre as reservas naturais e os parques nacionais do Uzbequistão (Bensitova et al., 2014).

### 3.1.2.1. Clima do Parque Natural Nacional de Ugam Chatkal

O clima da UCNNP é classificado como uma faixa subtropical do hemisfério norte. Uma caraterística excecional deste clima são os períodos de seca prolongados, com uma temperatura média diurna de 25 graus Celsius acima de zero. A estação de inverno pode ser ilustrada como instável, com precipitação errática (Shukurov at al., 2005).

As temperaturas máximas ocorrem desde o início de junho até meados de agosto, na época de verão. Durante o dia, a temperatura varia entre 20 e 35 graus Celsius. Geralmente, durante a tarde, a temperatura desce para uma média de 17-23 graus acima de zero. A taxa de precipitação típica é de cerca de 650 mm por ano. A queda de neve pode ser detectada durante o inverno. Nesta parte do Uzbequistão, o inverno dura cerca de 5 meses, dos quais 130 dias são de frio intenso (UCNNP, 2015).

### 3.1.2.2. Flora e fauna da UCNNP

A UCNNP tem uma variedade de flora e fauna. Em particular, a flora do Tien Shan Ocidental é abundante, com um número avassalador de plantas, flores, árvores, etc. De acordo com Tojibaev (2008), na UCNNP, existem nada menos que 1697 espécies de plantas de 98 famílias e 622 géneros. Isto representa cerca de 80% da flora da parte uzbeque do Tien Shan Ocidental e cerca de 40% de toda a flora do Uzbequistão. 61 espécies destas plantas estão ameaçadas e constam do "Livro Vermelho" do Uzbequistão (2009). Um terço da composição de espécies da flora da Reserva Natural de Chatkal e da UCNNP inclui as três maiores famílias, Compositae, Cereais e Leguminosas, que são típicas das floras da Ásia Mineral. A maioria das espécies concentra-se nas zonas médias (2000-2500 m acima do nível do mar). Nas zonas altitudinais inferiores e superiores, a diversidade de espécies é muito menor. O território do parque nacional é caracterizado por uma variedade de árvores e arbustos, 136 espécies das quais se encontram nas florestas de montanha deste território.

As zonas com baixa altitude de 1200 metros acima do nível do mar, incluem principalmente bosques arbustivos, como bosques de pistácios, amendoeiras e espinheiros (Shukurov et al., 2005). As zonas montanhosas estão cobertas de zimbro de Zeravshan, enquanto as zonas intermédias com altitude de 2000 a 2500 metros são populares pelas suas florestas de zimbro e zimbro hemisférico (Juniperus semiglobosa) (UCNP, 2015).

A fauna da UCNNP é também muito diversificada. Nas montanhas do Tien-Shan Ocidental ainda se encontram alguns ursos e até um leopardo-das-neves. Ambas as espécies foram incluídas no Livro Vermelho do Usbequistão, bem como um pequeno animal como a marmota Mensbir (Esipov et al., 2004), cuja área de distribuição mundial cabe numa secção com menos de 100 km de largura e é constituída por várias populações díspares que estão a diminuir constantemente. Ao mesmo tempo, existem javalis, corços, cabras montesas, lobos, porcos-espinhos e raposas. Mais de 200 espécies de aves podem ser encontradas durante uma viagem à UCNNP. As mais notáveis são: um cato com gritos altos que avisa os habitantes das encostas da montanha.

### 3.1.2.3. Recursos hídricos

Cinco rios principais no UCNNP são as principais fontes de água do parque nacional. Estes rios chamam-se Koksu, Pskem, Chatkal e Ugam. As gargantas rochosas da parte oriental da região são o local de nascente dos rios Koksu e Pskem. A montante destes rios situam-se os desfiladeiros rochosos, enquanto a jusante destes desfiladeiros a amplitude é considerável e os rios correm ao longo dos amplos vales. O rio Chatkal é considerado um rio transfronteiriço e os seus principais reservatórios encontram-se no território do Quirguizistão. Estes rios estão unidos no reservatório de Charvak, que é utilizado para diversos fins, como a agricultura, a indústria e outros. Todas as principais águas do rio, que se juntam ao reservatório de Charvak, sustentam uma das maiores centrais hidroeléctricas, localizada na UCNNP (Shukurov et al., 2005).

### 3.1.2.4. Situação socioeconómica

A população do distrito é composta por 159. 9 mil pessoas, das quais 30,9 mil pessoas vivem nas cidades, enquanto 129,0 mil pessoas vivem no campo. De acordo com uma análise de género da área, 80,1 mil pessoas são homens e 79,8 mil pessoas são mulheres. A densidade populacional é de 29,9 por quilómetro quadrado. A população do distrito aumentou 5,4%, o crescimento anual foi de 1,8% ou 8,2 mil pessoas durante 3 anos (Bensitova et al., 2014).

O nível de emprego da zona mostra que cerca de 69 mil pessoas estão oficialmente ocupadas com trabalho. A maioria da população está empregada nos sectores da saúde e da educação, com 3078 e 3679 pessoas, respetivamente. Ao mesmo tempo, os sectores da indústria e da agricultura também estão activos, empregando 2595 e 2485 pessoas, respetivamente. O resto da população trabalha nos sectores da construção, dos transportes, da habitação e dos serviços colectivos, como se pode ver na figura 4.

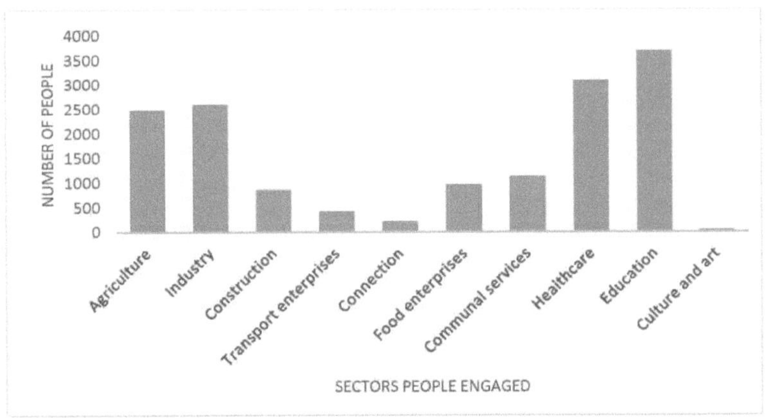


**Figura 4. Sectores empregados da população (Bensitova et al., 2014)**

As publicações locais revelaram que, em 1997, as receitas das actividades recreativas no território da UCNNP representavam 8% do montante total dos fundos do parque nacional. O principal tipo de atividade económica no parque nacional era a criação de gado, que representava 51% dos seus fundos. No entanto, durante uma década, houve uma forte mudança estrutural nas fontes de fundos da UCNNP. É imperativo notar que a maioria da população da UCNNP está empregada em actividades recreativas, que se tornaram o principal tipo de atividade laboral no parque nacional (Hamidov, 2012).

## 3.2. Recolha de dados

Para obter a perceção dos turistas sobre a oferta dos quatro CES (a oportunidade de actividades de lazer, beleza estética, espiritualidade e património cultural) e as relações destes serviços com diferentes paisagens da área de investigação, foi utilizado um questionário em papel com uma folha de papel que apresenta imagens de paisagens selecionadas localizadas na região. Os dados foram recolhidos em janeiro e em abril de 2017, tendo um total de 90 turistas sido contactados pessoalmente em diferentes locais turísticos, tais como áreas de lazer (por exemplo, caminhos de corda, montanhas, áreas de esqui), espaços públicos abertos (por exemplo, mercados, parques infantis, hotéis e locais para comer fora) e áreas de serviços de estacionamento no parque nacional. Os locais foram escolhidos através de uma amostragem aleatória estratificada para obter uma quantidade suficiente de turistas. A amostragem aleatória estratificada é um método de amostragem que pode ajudar a estratificar a população com base em caraterísticas homogéneas do que está a ser estratificado (Kumar, 2014). A população da amostra para a investigação foi uma família e um grupo de turistas. Os inquiridos foram escolhidos aleatoriamente em cada local. Além disso, os questionários foram realizados em vários locais, em momentos diferentes e com diferentes circunstâncias climatéricas, a fim de reduzir o nível de enviesamento a um nível mínimo (tal como feito por Zoderer et al., 2016). A fim de mostrar a capacidade da paisagem para fornecer CES na forma de mapa, as paisagens da UCNNP foram identificadas em diferentes zonas de altitude. Esta identificação é efectuada com a ajuda da classificação de imagens Landsat e da sua combinação com o modelo digital de elevação (DEM).

### 3.2.1. Imagens de paisagens

Para cada um dos seis tipos de paisagem foi utilizada uma fotografia específica, apresentada em formato de folha (A4), como fonte para o inquérito. Uma das razões para a utilização destas fotografias específicas foi a tentativa de alcançar uma cobertura abrangente da área de investigação através da orientação da ênfase para várias paisagens. O uso de fotos no estudo da paisagem tem sido adotado como uma ferramenta analítica (Daniel, 2001), mas até agora esse tipo de prática não foi aplicado adequadamente na pesquisa de ecossistemas (Lopez-Santiago et al., 2014; Zoderer et al., 2016). De acordo com alguma investigação empírica, a avaliação da paisagem com base em imagens coloridas obtém resultados semelhantes aos que são implementados no local. (Palmer e Hoffman, 2001). Além disso, este método é considerado uma forma de gestão económica e mais abrangente do que a organização de visitas no local (Kaplan, 1985).

### 3.2.2. Questionário

Os questionários foram realizados durante duas estações: inverno e primavera. A razão para selecionar estas duas estações é que a maioria dos turistas gosta de passar o seu tempo nas férias de inverno, quando estão disponíveis várias actividades, tais como: patinagem, esqui, passeios a cavalo e outras. A primavera é também um período adequado para visitar o parque nacional. Isto deve-se ao facto de, na primavera, o tempo ser adequado, nem quente nem frio, e a área estar coberta de relva verde e flores. Por conseguinte, a maioria dos turistas visita a UCNNP para aliviar o seu stress e depressão diários neste período de tempo. O inquérito começou com uma introdução e uma descrição do enquadramento do CES e do objetivo deste estudo. Os turistas despenderam cerca de 10 a 15 minutos para responder ao questionário. O questionário incluía quatro secções.

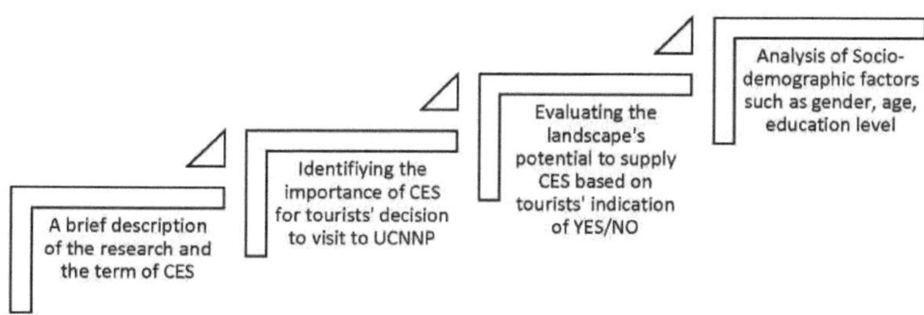


**Figura 5. Visão geral das partes do questionário**

A primeira parte do questionário envolvia uma breve descrição da pesquisa e do termo "serviços ecossistêmicos culturais". Na segunda parte do questionário, os turistas foram solicitados a especificar a importância percebida dos CES fornecidos pela UCNNP. Para o efeito, foram criadas perguntas em escala de Likert com um valor de 1 (nada importante) a 5 (muito importante) e foi pedido aos turistas que indicassem a importância de cada serviço cultural a partir deste intervalo. A terceira secção foi o ponto central do questionário. Com a ajuda da folha de imagens explicada anteriormente, foi pedido aos turistas que indicassem a capacidade de seis paisagens fornecerem CES (sim/não). Se os turistas especificassem um serviço específico numa determinada paisagem, era-lhes pedido que avaliassem o nível de prestação de serviços numa escala que ia de 1 (muito pouco) a 5 (muito). A secção final do questionário foi dedicada a factores sócio-demográficos (i.e. género, cultura, local de residência, idade, educação, comportamento ambiental e a sua experiência com a UCNNP) (Anexo A).

### 3.2.3. Imagens de satélite

Os dados utilizados no estudo envolvem imagens Landsat 8 OLI raster (Figura 6) obtidas a partir de fontes abertas na Internet do Sistema de Geração de Produtos do Serviço Geológico dos Estados Unidos (https://earthexplorer.usgs.gov/). É importante notar que o Landsat é um sistema de imagem operacional e que cada cena está ordenada no chamado Sistema de Referência Mundial (WRS2), onde o Parque Natural Nacional Ugam Chatkal está situado na cena com o caminho 153; linhas 31. A resolução espacial das imagens Landsat 8 OLI oscila entre 15 m na banda pancromática 8 (PAN) e 30 m nas restantes bandas, incluindo as bandas de infravermelhos termais, que são obtidas com uma resolução de 100 metros, posteriormente reamostradas para 30 metros no produto de dados entregue.

**Figura 6. Imagem Landsat do Parque Natural Nacional de Ugam Chatkal**

O tamanho estimado da cena é de 170 km norte-sul e 183 km leste-oeste (106 mi por 114 mi). As predefinições técnicas e a forte cobertura de nuvens limitaram a quantidade de imagens utilizáveis. Para cobrir o período com os valores de vegetação mais elevados, apenas foram obtidas as imagens de satélite de março a outubro de 2016 e a principal razão para escolher este período de tempo é a ausência de nuvens na imagem. Consequentemente, apenas a imagem de 26 de agosto de 2016 estava disponível numa condição suficientemente livre de nuvens. Para implementar a classificação numa imagem de uma data específica, não é necessário efetuar a correção atmosférica para a classificação numa imagem de uma data específica se esta não tiver nuvens, o que é o caso neste estudo (Gong et al., 1990; Song et al., 2001). Para além da imagem raster, foi adquirido um modelo digital de elevação (DEM) do ASTER (Advanced Spaceborne Thermal Emission and Reflection Radiometer) (Figura 7).

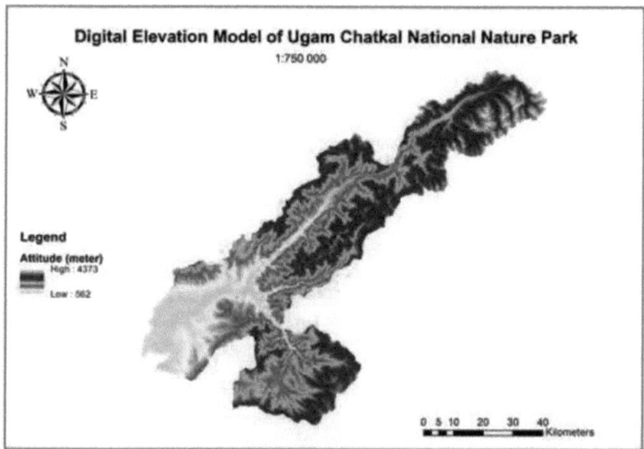


**Figura 7. Modelo Digital de Elevação do Parque Natural Nacional de Ugam Chatkal**

O ASTER GDEM cobre as superfícies terrestres entre 83°N e 83°S e é composto por 22.600 mosaicos de 1° por 1°. O ASTER GDEM está em formato GeoTIFF com coordenadas geográficas lat/long e uma grelha de elevação de 1 segundo de arco (30 m).

### 3.3. Análise dos dados

#### 3.3.1. Análise dos serviços ecossistémicos culturais e das paisagens, fornecidos pela UCNNP

A maior parte das informações sobre as espécies invasoras do parque nacional e suas paisagens foi obtida através de recursos secundários. O estudo dos relatórios anuais da UCNNP, documentos oficiais e alguns dados estatísticos, que foram fornecidos pela administração da UCNNP, foram aplicados para identificar as espécies cénicas existentes nas paisagens. Entretanto, os artigos locais publicados por professores locais tornaram-se o ponto fulcral para classificar as espécies cénicas e as paisagens do parque natural. Ao mesmo tempo, foram utilizadas publicações internacionais, apoiadas por uma quantidade suficiente de informações sobre as espécies cespitosas. A informação adquirida foi desenvolvida após a implementação de algumas observações e inquéritos com representantes da administração e outros informadores.

#### 3.3.2. Análise da classificação do uso do solo

Nesta parte, foram classificados e analisados seis tipos de paisagem utilizando imagens Landsat. São eles: floresta, vegetação (prados e pastagens), área residencial, vegetação sazonal e água **(Tabela 3)**. O classificador de máxima verosimilhança (ML) foi implementado para identificar e analisar as paisagens. O classificador ML é um algoritmo de classificação paramétrico amplamente aceite (Manandhar et al., 2009) e o método é frequentemente utilizado para a classificação da cobertura do solo (Mahmon et al., 2015). Esta classificação pertence à teoria da probabilidade Bayesiana. O classificador ML parte do princípio de que as estatísticas de cada classe em cada banda estão normalmente distribuídas e, simultaneamente, avalia a probabilidade de um determinado pixel estar relacionado com uma determinada classe. Cada pixel individual é atribuído à classe que tem a probabilidade máxima. Se a probabilidade máxima for inferior a um limiar, o pixel permanece como não classificado (Kuching, 2007). Por outras palavras, o classificador ML fornece os resultados mais prováveis e precisos (Mahmon et al., 2015).

**Tabela 3. Categorias de ocupação do solo e suas descrições**

| LULC Category | Description |
|---|---|
| Forest | Natural forested lowland including evergreen, deciduous and mixed forests |
| Water | Open water areas including lakes, rivers reservoirs, ponds and etc. |
| Residential area | Residential areas where driveways and roof tops predominate such as, commercial areas, industrial places and as well as transportation areas |
| Seasonal vegetation | Soil which is vegetated seasonally and it is spread by grass, different live ground covers such as, wood chips, sand, gravel, artificial turf, or similar covering. |
| Vegetation | Lands which are covered with plants, including areas of pastures and meadows |

Foi selecionado o número de áreas de treino para cada classe, de modo a obter melhores resultados de classificação. O conjunto de dados de treino deu uma explicação representativa de cada categoria de terra tão abrangente quanto possível; consequentemente, a quantidade do conjunto deve aumentar consideravelmente, juntamente com o número de pesos relacionados, a variabilidade espacial das classes desejadas e a precisão da classificação desejada. Para minimizar a excessividade e a autocorrelação espacial, as amostras de treino são reunidas principalmente numa base por pixel (Gong et al., 1990). Neste estudo, as amostras foram selecionadas através da interpretação de imagens com visitas intensivas ao terreno nesta área. A obtenção de amostras de treino maiores é considerada benéfica para fornecer uma população mais representativa; no entanto, a utilização de um pequeno número de amostras de treino é claramente apelativa por razões logísticas (Foody et al., 2016). É geralmente sugerido que o tamanho da amostra de treino para cada classe não deve ser inferior a 10-30 vezes o número de bandas (Van Niel et al., 2005). Isto está normalmente relacionado com classificadores que requerem a avaliação de vários parâmetros, como o classificador ML quando ligado a um número modesto de bandas. Por conseguinte, este estudo envolveu 20 treinos para cada classe. Neste processo, os pixéis verdes são treinados como vegetação, os pixéis azuis são treinados como massa de água, os pixéis verdes escuros são treinados como floresta e os pixéis cinzentos escuros são selecionados como vegetação sazonal.

### 3.3.3. Análise da perceção dos turistas sobre o CES na UCNNP

A perceção do turista sobre os benefícios ambientais comuns proporcionados pelas seis diferentes paisagens da UCNNP foi feita através da análise dos resultados da segunda parte do questionário. Primeiro, a perceção do turista foi avaliada para identificar a extensão da CES fornecida pela UCNNP como uma razão importante para visitar o parque. Em seguida, a perceção da oferta de CES nas paisagens do parque nacional foi analisada através da determinação das respostas sim/não dos turistas, que é dada na quarta parte do questionário. Os resultados foram examinados de forma descritiva e todos os resultados foram ilustrados através de figuras.

### 3.3.4. Mapeamento do CES em diferentes paisagens

A fim de visualizar a capacidade da paisagem para prestar os serviços, foram criados mapas com base na identificação dos inquiridos. Em geral, foram criados cinco mapas, um para cada CES e um para resumir os serviços completos percebidos em cada paisagem. Para esta investigação, foram identificadas e analisadas seis paisagens durante a aplicação do inquérito. Na primeira etapa, foi criado um mapa que mostra a posição e a extensão espacial de cada tipo de paisagem da área de estudo. De acordo com o mapa de paisagem gerado, foram formados mapas para cada CES individualmente. Para tal, cada tipo de paisagem foi mapeado com base na proporção da perceção dos turistas relativamente a um determinado serviço. Para demonstrar a concordância dos inquiridos quanto à capacidade de cada paisagem para fornecer SCE, as proporções foram categorizadas utilizando a calculadora raster, que é a principal ferramenta de álgebra de mapas no ArcMap 10.3.1. Cada mapa apresenta a capacidade da paisagem para fornecer os serviços.

### 3.3.5. Análise dos factores que influenciam a perceção da oferta de CES

Para avaliar os efeitos sobre a perceção das espécies cénicas (sim/não), foi aplicado um modelo linear generalizado misto (GLMM) com função de logit binomial para cada espécie cénica. Em cada modelo, as caraterísticas sociodemográficas dos inquiridos (idade, sexo, nacionalidade e nível de escolaridade), o conhecimento ambiental e a experiência com o tipo de paisagens foram considerados como factores preditores e avaliados face à variação entre os participantes no inquérito. É imperativo mencionar que os níveis de medição das variáveis independentes, que foram introduzidas no GLMM, eram todos ordinais e nominais (Tabela B1) e, para este efeito, foi selecionada uma categoria de referência adequada para cada variável. A fim de tornar clara a interpretação dos resultados do GLMM, apresenta-se aqui um breve guia de descrição: Se o odds ratio (OR) for igual a um (OR=1), significa que não existe qualquer efeito na perceção da variável dependente. Se o OR for inferior a um (OR<1), significa que um fator tem um efeito negativo na perceção da variável dependente e deve ser interpretado como uma diminuição da variável independente em relação à sua categoria de referência (por exemplo, mulheres em comparação com homens), o que resulta numa diminuição da apreciação dos serviços na paisagem (por exemplo, as mulheres têm menos probabilidades de percecionar os serviços do que os homens). Quando um fator tem um efeito positivo (OR>1) na perceção da variável dependente, deve ler-se que um aumento do fator independente comparativamente à sua categoria de referência conduz a um aumento da probabilidade de perceção dos serviços na paisagem. A análise estatística foi implementada através do SPSS versão de 17.

# Capítulo 4

## 4. Resultados

### 4.1. Serviços ecossistêmicos culturais prestados pelas paisagens da UCNNP

Os resultados da primeira pergunta de pesquisa "Quais são os ECC proporcionados pelas paisagens da UCNNP" descrevem que a UCNNP é rica em vários ECC. Existem oportunidades para actividades de lazer (por exemplo, hotéis, locais de informação turística, passeios a pé, caminhadas, escalada, passeios de barco, pesca), espiritualidade (por exemplo, meditação, religiosidade, reflexão), beleza estética (por exemplo, prazer visual do cenário natural) e património cultural da UCNNP (por exemplo, caraterísticas específicas da paisagem que representam valores culturais e histórias de utilização humana) (UCNNP, 2015). As paisagens da UCNNP oferecem aos visitantes a oportunidade de aproveitar o número de CES que os ecossistemas proporcionam. Nesta pesquisa, as paisagens são qualificadas como floresta, lagos naturais, altas montanhas, prado tradicional, pastagens e área residencial. Abaixo estão listados os CES fornecidos pelas paisagens.

#### 4.1.1. CES em alta montanha

Esta paisagem está localizada na parte nordeste da UCNNP. É constituída principalmente por rochas, solo nu e, simultaneamente, por algumas árvores (UCNNP, 2012) e ocupa uma grande parte da área, uma vez que o parque nacional é formado principalmente por paisagens montanhosas. O Tien Shan é um dos maiores sistemas montanhosos do nosso planeta. As montanhas do Tien Shan ocidental são caracterizadas por uma variedade de paisagens, riqueza e singularidade da flora e da fauna. O relevo da área distingue-se pela sua diversidade e todas as zonas da área são consistentes com os sistemas de cumes montanhosos profundamente divididos com diferentes altitudes (Bensitova, 2014). Na República do Uzbequistão, as montanhas do Tien-Shan Ocidental são representadas pelas cordilheiras Karzhantau, Ugamsky, Maydantal, Pskem, Koksu, Chatkal e Kuramin, que limitam as bacias dos dois maiores rios desta região - Chirchik e Akhangaran. Em particular, a cordilheira de Chimgan destaca-se como um dos esporões da cordilheira de Chatkal. A altitude típica da cordilheira de Chatkal na área é de 3.800 m acima do nível do mar e o pico de Chatkal estende-se até ao nível de 4.350 m. A elevação média da cordilheira de Pskem é de 3.200 m acima do nível do mar e o seu ponto mais alto é o Monte Beshtor (4.299 m). A UCNNP foi criada com o objetivo de proteger a beleza estética das paisagens montanhosas do Tien Shan Ocidental. As montanhas do Tian Shan Ocidental proporcionam uma beleza natural única e incomparável que atrai milhares de turistas todos os anos (UCNNP, 2014).

As montanhas da UCNNP oferecem diferentes CES e são caracterizadas como uma área potencial para melhorar o turismo. São organizadas diferentes actividades recreativas. As áreas de Chimgan e Beldersay são exemplos dessas montanhas, que são populares entre os turistas pelo número de actividades recreativas, como complexos de esqui, snowboards, passeios a cavalo, etc. O complexo turístico de esqui de "Chimgan", situado nos esporões do cume de Chatkal, a uma altitude de 1600 metros, também faz parte da lista dos locais mais visitados da região. O pico principal da área montanhosa adjacente é o grande Chimgan (3309 m). Pode ser comparado com o pico da estrela gigante, que se inclina por todos os lados. Chimgan significa "encosta verde" e é um ótimo local para a prática de esqui (Tojiboev, 2009).

Em dezembro de 2015, Chimgan foi incluída na lista das melhores estâncias de esqui dos países da Comunidade de Estados Independentes (CEI). De acordo com a lista, as estâncias de esqui mais populares do Uzbequistão são as fronteiras naturais de Chimgan e Beldersay, situadas a 4 km uma da outra. A época de esqui dura de novembro a maio nestas zonas (Dokukina, 2015).

As pistas de Chimgan estão equipadas com teleféricos que se encontram em diferentes declives. São consideradas como as mais interessantes para a formação inicial dos esquiadores. Regra geral, os esquiadores de fundo que atingiram o 3-5º ano e desejam continuar a sua formação visitam a pista de Beldersay (Shukurov et al., 2005).

Para chegar ao topo da montanha Beldersay, a 2200 metros de altitude, os turistas têm de utilizar quase 3 quilómetros de teleférico. Para além do esqui, existem outros divertimentos, não menos interessantes, como passeios a cavalo, passeios de quadriciclo, parapente, etc. (Samoylov et al., 2008).

Em Chimgan, existem vários hotéis e parques de campismo com casas de campo, aluguer de esquis, pranchas de snowboard e trenós para os turistas. Na época de inverno, a maioria dos residentes de Tashkent, turistas de outras cidades do Uzbequistão e turistas estrangeiros vêm esquiar, andar de trenó e relaxar (UCNNP, 2014). A população local oferece um passeio a cavalo para os visitantes viajarem pela zona. Para além disso, os visitantes podem desfrutar de todas as cozinhas nacionais uzbeques. A principal afluência de turistas e de veraneantes regista-se no inverno e na primavera. No inverno, esta região é a altura ideal para a prática de esqui e na primavera para os alpinistas, os alpinistas e os praticantes de asa-delta (Consulado Geral da República do Usbequistão em Novosibirsk, 2016).

Outro local de trekking admirado da UCNNP é o planalto de Pulatkhan, com a sua formação tectónica de 3000 metros de altura e considerado o local mais apelativo para os turistas interessados em desportos radicais. O planalto de Pulatkhan é famoso pela sua vista gloriosa e pela cadeia de grutas alongadas que vão até aos 500 metros de profundidade (Kozel, 2016).

Os valores do património cultural são considerados como caraterísticas especiais ou históricas de uma paisagem que representam os nossos antepassados, proporcionando uma compreensão do lugar no nosso ambiente natural e cultural (MA, 2005). No território do Tien Shan Ocidental foram encontrados vários objectos e monumentos naturais únicos: planalto de montanha, florestas de zimbro e nogueiras, lagos alpinos, rios selvagens, grutas, fósseis de moluscos antigos, gravuras rupestres (petróglifos), cascatas e árvores antigas. No curso superior do rio Karakiyasay (cume do Karzhantau) encontra-se um grande conjunto de pinturas rupestres, nas montanhas de Chimgan. Além disso, foram encontradas gravuras de seres humanos, bem como de cabras da montanha siberianas, cabras markhor, cavalos, veados, cobras e camelos entre os petróglifos do Tien Shan Ocidental (UCNNP, 2012).

Durante a minha observação no parque nacional, fui testemunha de que a maioria dos visitantes do parque nacional tira partido do espírito das paisagens montanhosas. Em particular, os visitantes locais da UCNNP adquirem valores espirituais ou religiosos dos patrimónios culturais localizados no cimo das montanhas, que servem de lugar sagrado. Por exemplo, algumas árvores antigas situadas no cimo das montanhas Tien Shan têm um grande significado para os turistas locais e estrangeiros. A maioria dos turistas vai até lá através de um teleférico e amarra um material ao ramo da árvore. Este tipo de árvores é aceite como um mensageiro de Deus. Confiam que os seus sonhos se tornam realidade se agirem desta forma.

### 4.1.2. CES em lagos naturais

Há uma série de lagos naturais no parque nacional que atraem as pessoas. Um dos locais mais visitados na UCNNP é o vale de Chatkal, popular pelo lago Charvak, situado entre os cumes de Ugam, Pskem e Chatkal. Além disso, existem muitas estâncias lacustres com a sua própria beleza natural (Bensitova, 2014). Uma delas é o lago Ihnoch. Este lago está situado a 2460 metros acima do nível do mar, com um comprimento de 505 m, uma largura de 178 m e uma profundidade de cerca de 10 metros, atingindo em alguns locais 21 m (UCNNP, 2014).

Outro lago fascinante é o Shavurkul. Este lago tem uma beleza única da natureza, ar puro, água fresca, que flui das montanhas. As pessoas que apreciam a natureza e os turistas vêm aqui e nunca deixam de ficar surpreendidos. Durante o verão, há glaciares azuis nos picos das montanhas. O lago Shavurkul situa-se a 2500 m acima do nível do mar, tem um comprimento de 1464 m, uma largura de 273 m e, nalguns locais, uma profundidade de 9,7 m a 17,4 m. Devido à neve no lago Shavurkul, que se formou em resultado da fusão dos glaciares, o nível da água sobe na barragem em julho e agosto. De outubro até ao final de junho, a área está coberta por glaciares (UCNNP, 2016). O lago está rodeado de montanhas altas de ambos os lados.

O lago Urungoch também faz parte da lista de lugares fascinantes para os turistas. A ocorrência de Urungoch deveu-se a deslizamentos de terras em cadeias montanhosas e a fenómenos sísmicos, que se formaram em resultado de um grande aumento da água. O lago tem 660 metros de comprimento e 182 m de largura, a profundidade média é de 12,6 metros, em alguns lugares - 21,4 m. A maioria das actividades recreativas estão perto do lago, como hotéis, pesca, churrasco e passeios de barco. Estas instalações fascinam a maioria dos turistas (UCNNP, 2014).

Os lagos naturais são uma paisagem rara no Uzbequistão, e a UCNNP oferece a oportunidade de desfrutar deste tipo de paisagem. A partir dos resultados do questionário, que foi realizado para esta investigação, pode verificar-se que a maioria dos turistas indicou que os lagos naturais e os reservatórios de água são as paisagens mais apreciadas, uma vez que têm uma beleza estética distinta que não pode ser comparada com outras paisagens.

Os lagos naturais da UCNNP desempenham um papel importante para cativar a maioria dos turistas. Uma das razões óbvias para isso é que os turistas podem desfrutar de uma série de actividades recreativas, que são estabelecidas ao longo dos lagos naturais do parque nacional. Um deles é o lago Charvak, que é a estância turística mais admirada pelos viajantes de todo o Uzbequistão e dos países vizinhos (Hamidov, 2012). O lago Charvak está rodeado por uma grande variedade de hotéis, dachas[3] e casas para receber turistas. Os turistas podem fazer muitas actividades perto do lago Charvak, tais como: natação, passeios de barco, pesca, iatismo e assim por diante. Além disso, este local é popular entre os praticantes de parapente e oferece instalações para este desporto. Existem instalações organizadas para os turistas acamparem e, além disso, a maioria dos hotéis (com diferentes actividades no interior) também se situa perto da margem do lago.

Além disso, os reservatórios de água do parque natural estão rodeados por alguns patrimónios culturais, que foram cuidadosamente preservados durante muito tempo. Estes patrimónios são utilizados para o turismo etnográfico (Kozel, 2016). Alguns dos objectos são enumerados a seguir:

- Aktash (40-25 mil anos a.C.) - local de cavernas no curso superior do rio Ugam;

- Baland-Tepa (séculos V-VII) - acima da aldeia Sidzhak, na margem direita do rio Kulsay;

- Djilga-Tepa (Oh-Tepa) (séculos VI-XII) - margem direita do rio Pskem, a oeste da aldeia de Sidzhak, acima da fortaleza de Mingchukura;

Estes patrimónios culturais são muito apreciados pelos turistas locais, que podem obter valor espiritual destes locais antigos. Os turistas locais organizam, na sua maioria, diferentes actividades em torno destes patrimónios culturais.

---

[3] O local no campo onde as pessoas costumam ir para relaxar

### 4.1.3. CES nas florestas

O coberto vegetal da UCNNP abrange as 3 faixas superiores da vegetação do Tien-Shan Ocidental (terras baixas, montanhas médias e terras altas). Aqui se encontram todos os tipos de vegetação típicos destas faixas de altitude do Tien-Shan Ocidental (gramíneas de grande porte, florestas de zimbro, florestas caducifólias de montanha e arbustos, estepes de relva, prados de alta montanha, xerófitos de montanha). A superfície florestal representa apenas 16,5% do território, incluindo florestas de zimbro, florestas de nogueiras, áceres, amendoeiras e bétulas. O resto da área é ocupado principalmente por arbustos (madressilva, rosa de cão, kurchavka, etc.), macieiras, choupos e salgueiros (Ionov et al., 2005).

A cintura de zimbro de montanha e florestas de folha caduca encontra-se no Tien Shan ocidental. Na sua parte inferior, são comuns as florestas esparsas de zimbro de Zeravshan (Juniperus seravschanica). A uma altitude de 2000-2500 m, o zimbro (Juniperus semiglobosa) é dominante nas florestas de zimbro e o zimbro (Juniperus turkestanica) encontra-se na parte superior da cintura de zimbro. Os zimbros ocupam uma vasta gama de alturas (de 1000-1300 a 3500 m.) (Benstova, 2014).

No vale do rio Pskem, nas zonas mais húmidas das encostas, existem florestas relíquias de frutos de casca rija, que ocupam cerca de 1500 hectares (esta é uma das três secções do Uzbequistão onde tais florestas estão preservadas). As florestas de zimbro são utilizadoras altamente eficientes do dióxido de carbono e produtoras de oxigénio, devido ao seu inestimável valor sanitário, higiénico e recreativo (UCNNP, 2012). Além disso, nas montanhas da Ásia Central, as florestas de zimbro desempenham um papel de formação do ambiente e são o lar de muitas espécies de plantas e animais. As florestas de montanha da área do projeto, tal como outras florestas do globo, são um elo importante na manutenção do equilíbrio ecológico da biosfera (Bensitova, 2014).

As florestas oferecem algumas actividades recreativas, que são adequadas para visitas científicas. A administração da UCNNP organiza diferentes visitas à floresta relacionadas com a ornitologia, a botânica e a gastronomia.

### 4.1.4. CES nos prados tradicionais

Os prados estão localizados nas terras médias e altas da UCNNP (Shukurov at al., 2005). Os prados são um dos principais tipos de vegetação da paisagem do Tien Shan Ocidental. O parque natural caracteriza-se por três tipos de prados: prados de montanha média, prados sub-alpinos de altitude e prados alpinos de altitude. As amplas bacias hidrográficas, os picos em forma de planalto, as encostas de cascalho fino com declives suaves a alturas de 2000-3000 m cobrem as estepes de festuca e o absinto de alta montanha com o predomínio de Artemisia lehmanniana. Na faixa das terras altas, desenvolvem-se prados subalpinos de tamanho médio (Ionov et al., 2005). A parte superior da cintura de montanhas altas é ocupada por prados alpinos criófitos de erva baixa, dominados por espécies de Ligularia, Ranunculus, Lagotis, Oxytropis, Draba, etc. Apenas algumas espécies de plantas sobem aos cumes das cristas, que se escondem nas fendas das rochas e entre as pedras. As estepes de montanha, os prados subalpinos e alpinos do Tien Shan ocidental são caracterizados por uma variedade de espécies endémicas e relíquias (14 endemismos estreitos ocorrem na faixa superior das montanhas) (Shukurov at al., 2005).

### 4.1.5. CES em pastagens

Uma parte significativa do parque é utilizada como pastagem de verão, destinada a gado bovino de grande e pequeno porte, cavalos, bem como campos de feno naturais. Os tipos de pastagens e o rendimento das gramíneas forrageiras dependem da altitude, da exposição e da inclinação da encosta, da natureza do relevo e da cobertura do solo (Bensitova, 2014). Estes tipos de vegetação, como todos os ecossistemas herbáceos, têm um importante valor anti-erosão. Nas pastagens pouco utilizadas, a presença de um relvado elástico denso reduz a compactação do solo pelo gado em pastoreio. Nas pastagens com um bom relvado, a taxa de absorção de sedimentos é mais elevada em comparação com as áreas derrubadas. Nas comunidades vegetais com relva perturbada nas terras de pastagem, as propriedades de infiltração dos solos estão a deteriorar o coeficiente de drenagem (UCNNP, 2014).

De acordo com as minhas observações, as pastagens também podem proporcionar actividades recreativas. Os turistas podem organizar diferentes piqueniques e acampamentos. Esta paisagem é muito adequada para este tipo de actividades. Além disso, os turistas locais organizam diferentes jogos locais, como corrida de papagaios, corridas de cavalos e debates musicais. A beleza estética da paisagem é também muito apreciada pelos turistas, especialmente os que vêm das áreas metropolitanas, onde os pastos não são muito frequentes. As pastagens, que cobrem hectares de áreas, suportam um sentimento idiossincrático que os turistas não podem experimentar nas áreas urbanas.

### 4.1.6. CES em zonas residenciais

Esta paisagem encontra-se na parte baixa da UCNNP e é composta principalmente por casas de habitantes, alguns hotéis e manchas de terras de cultivo (UCNNP, 2012). Existem 11.875 agregados familiares nesta área. Além disso, existem 52 escolas, 7 escolas profissionais, 17 pré-escolas, 20 clubes, um palácio cultural, 20 locais de desporto e um estádio a funcionar no distrito. Para além disso, existem 7 hospitais com 421 camas, 6 policlínicas e 20 postos de paramédicos. Nestas áreas, são preservados diferentes patrimónios culturais, tais como:

- Povoação sem nome (séculos XI-XII, XIV-XVI), na parte sudoeste da aldeia de Sidzhak;
- Caneca de Guria - "Cemitério dos mágicos" na parte nordeste da aldeia de Sidzhak;
- Kul-Tepa (Idade Média) - na margem direita do Kulsay e
- Shavkat-Tepa (XI-XIII cc.) - Na parte sudoeste de Sidzhak.

Dada a existência de património cultural nesta zona, a maioria dos turistas locais visita-a para obter a paz espiritual, através da oração e do culto a estes monumentos e locais antigos. Ao fazê-lo, os turistas obtêm tranquilidade interior. Além disso, a maioria dos residentes da zona oferece a sua casa para aluguer e a maioria dos turistas prefere alugar a casa de um habitante local. Esta é a situação mais frequentemente observada na zona, onde os turistas locais preferem alugar as casas dos habitantes.

## 4.2. Distribuição espacial das paisagens na UCNNP

Para obter uma resposta adequada à segunda questão de investigação "Como se distribuem espacialmente as paisagens da UCNNP", foi aplicado o sistema de classificação da ocupação e uso do solo para refletir os principais tipos de ocupação do solo nesta área com referência à UCNNP. Para efetuar a classificação supervisionada, foi utilizado o algoritmo de Máxima Verosimilhança (ML) do software ArcGIS versão 10.3.

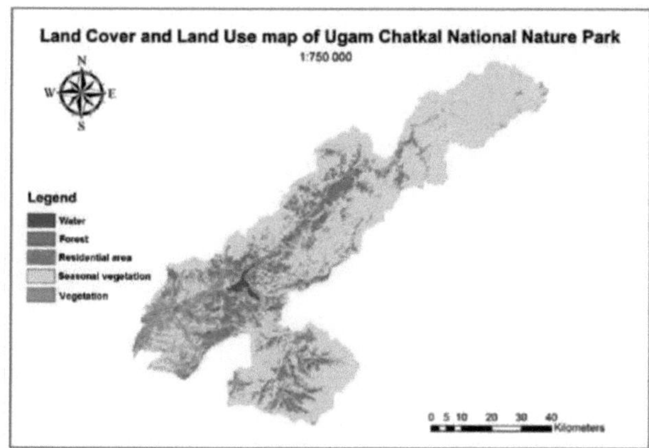


**Figura 8. Mapa de ocupação e uso do solo do Parque Natural Nacional de Ugam Chatkal**

O mapa acima apresenta o resultado da classificação LULC e, no total, foram determinadas cinco classes de LULC, incluindo água, floresta, área residencial, vegetação sazonal e vegetação.

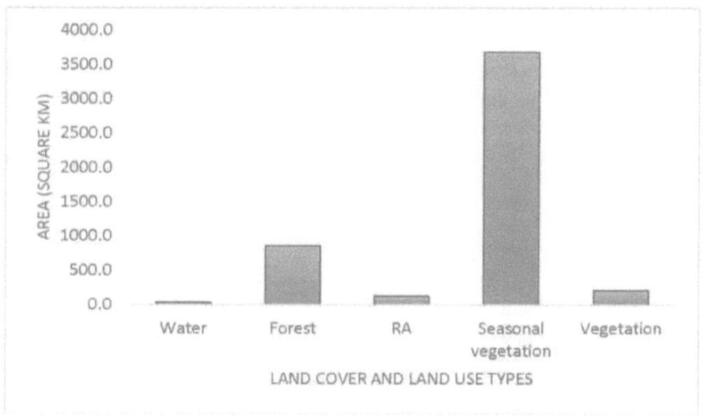


**Figura 9. Áreas de ocupação e uso do solo**

De acordo com os resultados obtidos na classificação realizada, a massa de água cobre 35,4 km$^2$, a floresta constitui 861,5 km$^2$, e o território da área residencial é igual a 128,3 km$^2$ (Figura 9). Na figura abaixo, o relevo da UCNNP foi demonstrado e o mapa foi desenvolvido usando o Modelo Digital de Elevação (DEM) da área.

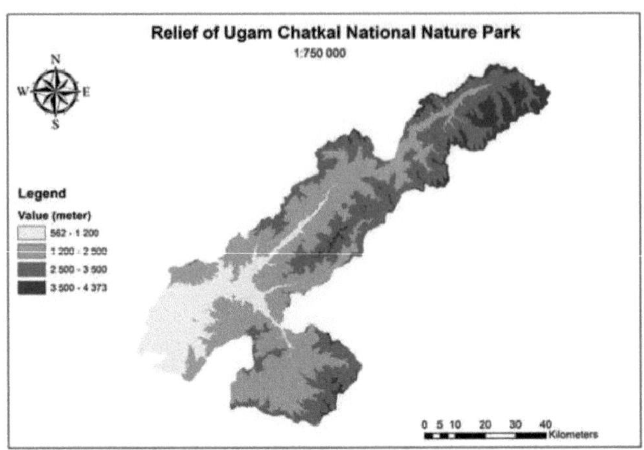


**Figura 10. Mapa de relevo do Parque Natural Nacional de Ugam Chatkal**

Como se pode ver na figura acima, a altitude mínima da área de estudo é de 562 m e a altitude máxima é de 4373 m. O intervalo de altitude na área de estudo foi dividido em quatro classes (1) 562-1200 m; (2) 1201-2500 m; (3) 2501-3500; (4) 3501-4373 m (Figura 10). É importante notar que os limites de cada classe foram selecionados de acordo com a gradação dos tipos de paisagens existentes.

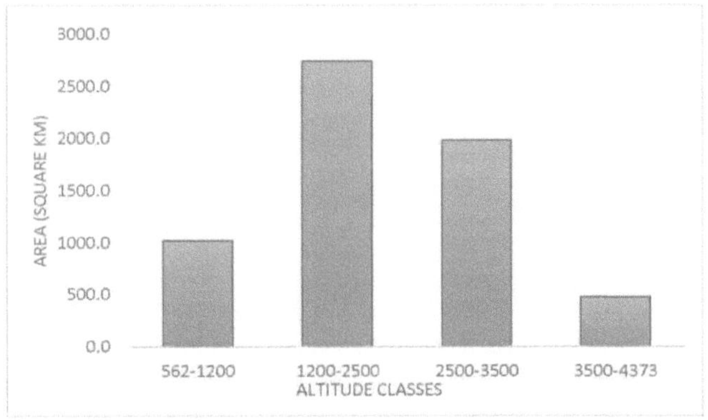


**Figura 11. Áreas de classes de altitude do Parque Natural Nacional de Ugam Chatkal**

Com base nestas classes identificadas, as áreas de cada classe de altitude podem ser analisadas. Como mostra a Figura 11, 1022 km$^2$ estão na altitude de 562-1200 metros, enquanto a maior parte da área pertence à altitude de 1200-2500 metros. A distribuição da área na altitude de 2500-3500 metros abrange 1980 km$^2$, enquanto a menor divisão de área está ligada à altitude de 3500-4373 metros, constituindo 476 km$^2$.

A fim de definir a prevalência do LULC através do relevo da UCNNP, os resultados recebidos acima foram combinados e apresentados abaixo, Figura 12.

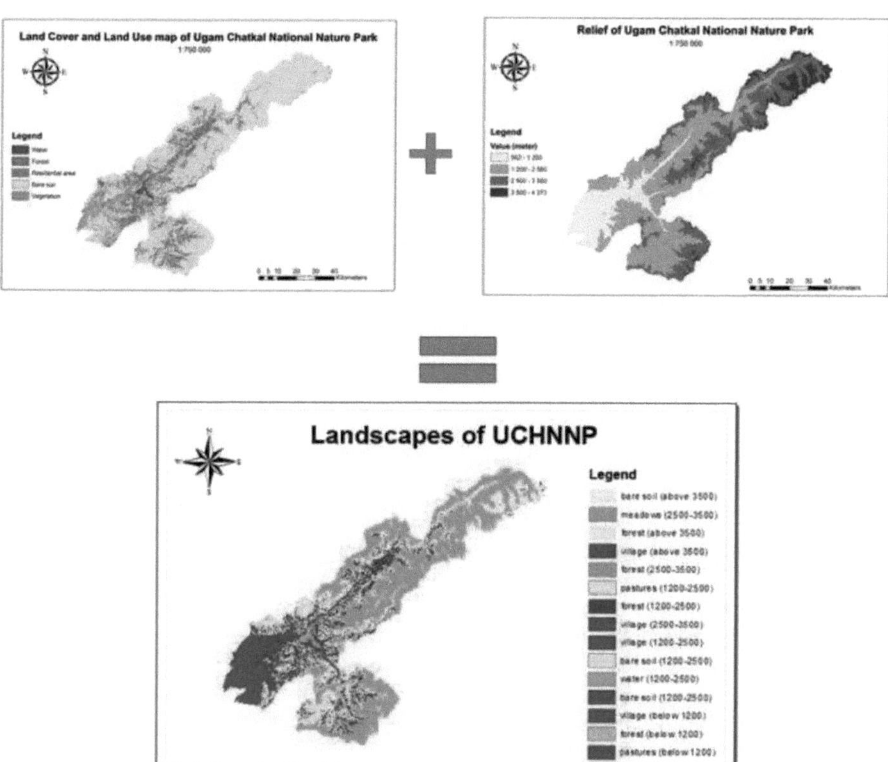


**Figura 12. Tipos de ocupação e uso do solo através de classes de altitude no Parque Natural Nacional de Ugam Chatkal**

Após ter combinado o relevo e as LULC da UCNNP, foram observadas 16 classificações. Esta classificação permite deduzir que cinco tipos de LULC classificados estão situados em diferentes zonas de altitude do parque nacional.

## 4.3. A perceção da oferta de serviços ecosistémicos culturais

Os resultados do questionário revelaram a perceção dos turistas sobre a CES fornecida pelas paisagens da UCNNP. As respostas foram bastante positivas em função da perceção dos inquiridos. Os turistas valorizaram cada um dos serviços de interesse comunitário a partir da sua perspetiva pessoal e da sua perceção desses serviços durante a sua estadia no parque nacional.

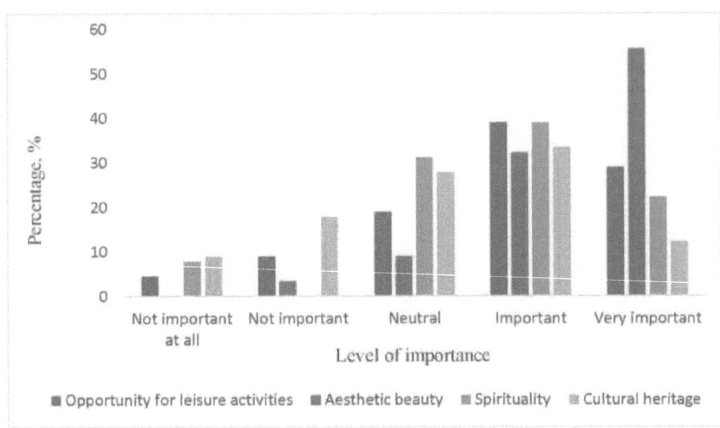


**Figura 13. Importância dos serviços ecossistémicos culturais do Parque Natural Nacional de Ugam Chatkal**
**Nacional de Ugam Chatkal segundo a perceção dos turistas (N=90)**

A beleza estética do parque nacional foi muito apreciada pelos turistas, e mais de metade dos turistas indicou a beleza estética como uma razão muito importante para a sua visita ao parque nacional (Figura 13). Em seguida, as actividades recreativas e a espiritualidade da UCNNP foram classificadas como razões igualmente importantes para a sua visita à área, constituindo 38%. Entretanto, o património cultural do parque nacional foi também valorizado como uma razão importante para a sua estadia no parque nacional. Por outras palavras, todos os serviços culturais dos ecossistemas, que são fornecidos pela UCNNP, desempenharam um papel significativo na decisão dos turistas de visitar a UCNNP, no entanto, a beleza estética foi destacada como o fator mais importante na sua decisão.

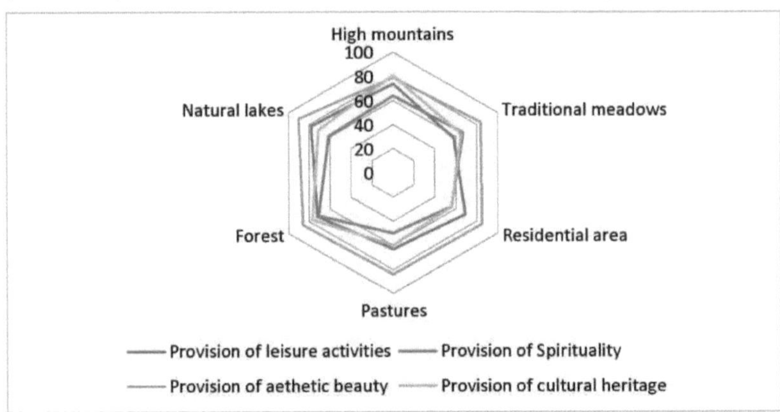


**Figura 14: A oferta percebida pelos turistas dos serviços do ecossistema cultural na paisagem. (N=90)**

Além disso, a análise do questionário manifestou que os centros de interesse comunitário da UCNNP têm uma ligação estreita com as paisagens do parque nacional. Quando os turistas estavam a planear as suas férias na UCNNP, consideraram todas as CES como uma caraterística importante das paisagens. De acordo com a análise do questionário, podem ser detectadas ligeiras diferenças na perceção dos turistas. Em particular, as actividades recreativas das paisagens da UCNNP (x = 3,71) e a beleza estética (x = 3,66) foram serviços altamente reconhecidos, enquanto a espiritualidade (x = 3,61) e o património cultural (x = 3,57) foram percebidos como menos valiosos (Tabela B3). A Figura 14 descreve o número de turistas que associam os CES aos tipos de paisagem. A maioria dos inquiridos referiu que percepciona mais CES em determinadas paisagens, nomeadamente em lagos naturais, prados tradicionais e florestas da UCNNP, em contraste com pastagens e locais residenciais da área. A beleza estética foi principalmente associada a lagos naturais, florestas, pastagens e prados tradicionais, enquanto as actividades recreativas foram principalmente referidas a montanhas altas e lagos naturais. Do mesmo modo, as montanhas altas e as florestas do parque nacional foram aceites como as paisagens mais capazes de proporcionar património cultural. Com base na perceção dos turistas sobre o CES, a espiritualidade foi frequentemente descoberta nas florestas e nos prados tradicionais.

### 4.4. Mapeamento do potencial da paisagem para fornecer CES

Para criar o mapa da paisagem, algumas das classes relacionadas dos 16 resultados da classificação LULC (Figura 12) foram combinadas de acordo com a descrição de cada tipo de paisagem. Este procedimento foi efectuado com a ajuda da ferramenta raster calculator do ArcMap 10.3.1. As classes combinadas são apresentadas na Tabela 4 abaixo:

**Quadro 4. Combinação de classes de paisagem**

| Landscapes | Combined classes |
|---|---|
| Mountains | Seasonal vegetation (above 3500m) and forest (above 3500 m) |
| Meadows | Vegetation (2500-3500 m) and forest (2500-3500 m) |
| Residential areas | Residential area (above 3500 m), residential area (2500-3500 m), residential area (1200-2500 m), seasonal vegetation (1200-2500 m), residential area (below 1200 m) and vegetation (below 1200 m) |
| Pastures | Vegetation (1200-2500 m) and seasonal vegetation (1200-2500 m) |
| Forest | Forest (1200-2500 m) |
| Natural lakes | Water (1200-2500 m), water (below 1200 m) and forest around the lake (below 1200 m) |

É de notar que no nosso mapa classificado não foram identificados quaisquer pixéis não classificados. Pode ser observado na imagem da paisagem (Figura 15) que a maior quantidade de vegetação é detectada nas terras altas, bem como nas terras médias, com uma altitude de cerca de 1200 e 3500 metros. Enquanto a vegetação sazonal está localizada nas terras altas e nas terras médias. A vegetação sazonal caracteriza-se por estar vegetada nas estações da primavera e do verão, enquanto no outono e no inverno permanece sob a forma de solo nu. O principal reservatório de água "Charvak" está situado nas terras médias, com uma altitude de 1200 a 2500 metros

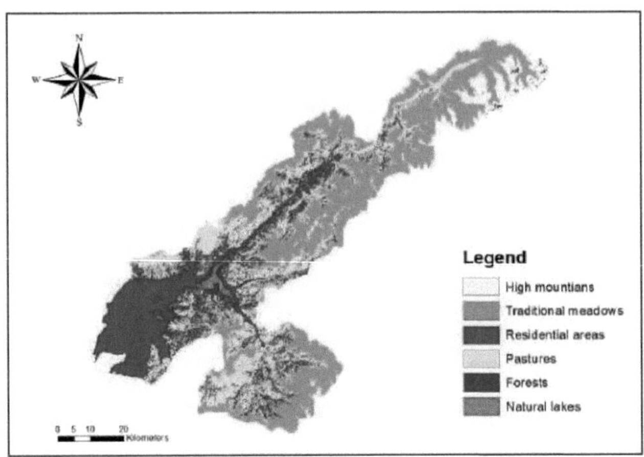


**Figura 15. Paisagens do Parque Natural Nacional de Ugam Chatkal**

Para apresentar os hotspots e os cold spots de cada CES, a proporção da perceção dos inquiridos foi traduzida na imagem da paisagem para mostrar a sua capacidade de fornecer os serviços.

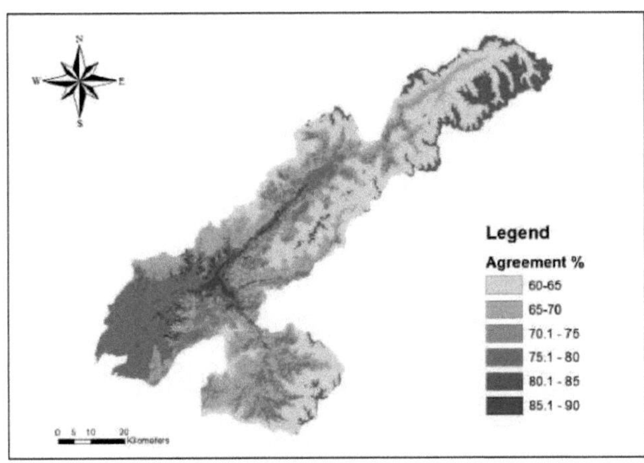


**Figura 16. Actividades recreativas (% de concordância)**

A Figura 16 descreve que os lagos naturais e as montanhas altas da UCNNP, que se situam nas terras altas e médias da área, foram considerados como tendo grandes oportunidades para actividades de lazer. Em particular, os lagos naturais foram considerados como o principal fornecedor de actividades recreativas, constituindo 86,7% das respostas positivas. Do mesmo modo, a parte nordeste da UCNNP, onde se situam as montanhas altas (acima de 3500), foi também muito bem classificada, com 82,2% das respostas positivas dos turistas. As paisagens, como as zonas residenciais, os prados e as pastagens tradicionais, foram mencionadas como tendo um papel razoável na oferta de actividades recreativas, mas, em comparação com as paisagens altamente prioritárias, têm uma menor capacidade de prestar os serviços avaliados pelos turistas.

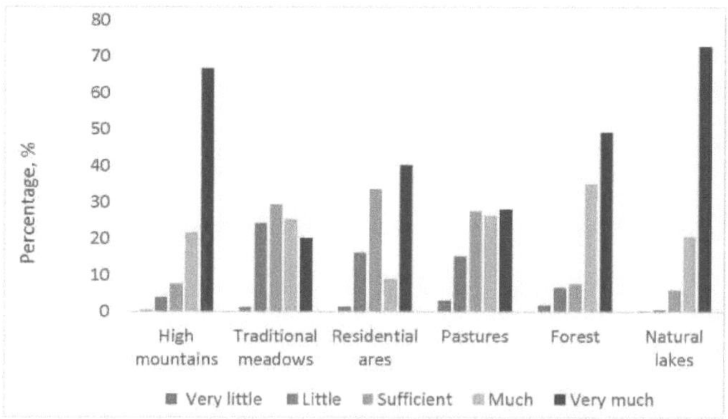


**Figura 17. Importância percebida das actividades recreativas proporcionadas pelas paisagens**

A Figura 17 descreve a avaliação dos turistas relativamente à capacidade da paisagem para proporcionar actividades recreativas. Os turistas atribuíram uma pontuação que varia entre 1 (muito pouco) e 5 (muito). É óbvio, a partir da figura, que atribuíram o valor máximo aos lagos naturais e às montanhas altas, onde podem frequentemente realizar actividades de lazer. Florestas e zonas residenciais

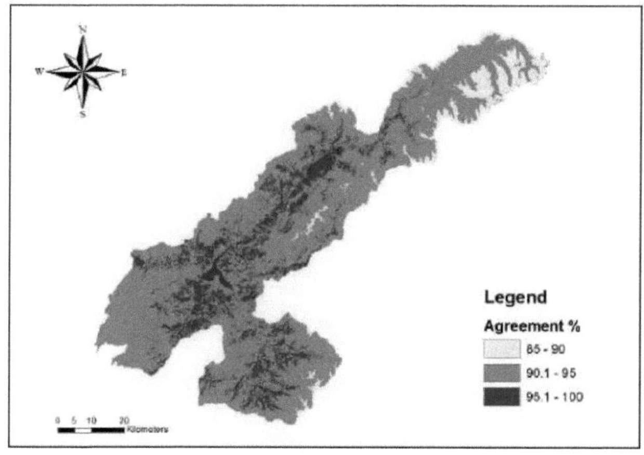


**Figura 18. Beleza estética (% de concordância)**

As áreas de lazer também fascinaram os turistas com as suas actividades recreativas. Enquanto outras paisagens foram selecionadas com um papel subordinado na prestação de serviços recreativos.

Em geral, todas as paisagens do parque nacional foram mencionadas como tendo uma beleza estética. Em particular, as zonas intermédias do parque nacional foram consideradas como as paisagens com maior potencial para fornecer beleza estética. Com base nas observações dos turistas, as paisagens do parque nacional foram consideradas como fornecedoras de uma beleza estética abundante. Entretanto, é imperativo mencionar que a beleza estética dos lagos naturais foi objeto de uma concordância total. Uma quantidade excessiva de beleza estética foi também espalhada por outras paisagens. As montanhas altas obtiveram menos concordância do que as outras paisagens, no entanto, obtiveram 88% da concordância dos inquiridos (Figura 18).

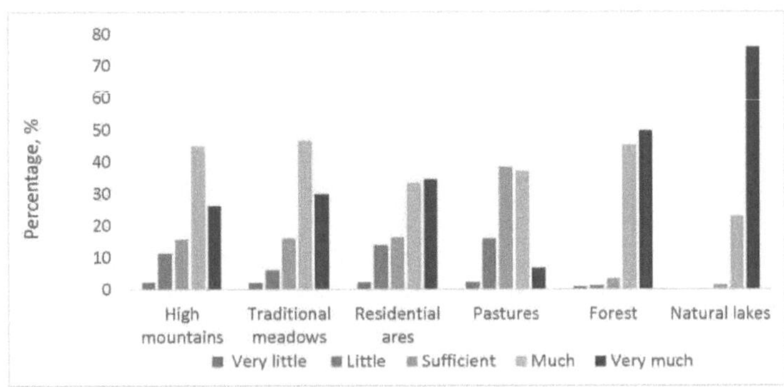


**Figura 19. Importância percebida da beleza estética proporcionada pelas paisagens**

Com base na avaliação dos inquiridos (Figura 19), é possível observar os locais de destaque das belezas estéticas de cada paisagem. Os inquiridos avaliaram os lagos naturais com uma pontuação de 5, entre 1 (muito pouco) e 5 (muito), o que significa que a paisagem proporciona muita beleza estética. Para além disso, as florestas também foram classificadas com o nível mais elevado de 5 (muito) por 50% dos turistas. Em contraste com estas, as pastagens desempenharam um papel menor no fornecimento de beleza estética para os turistas e foram maioritariamente indicadas como sendo um fornecedor de beleza estética suficiente. As restantes paisagens foram aceites como tendo "muita" beleza estética.

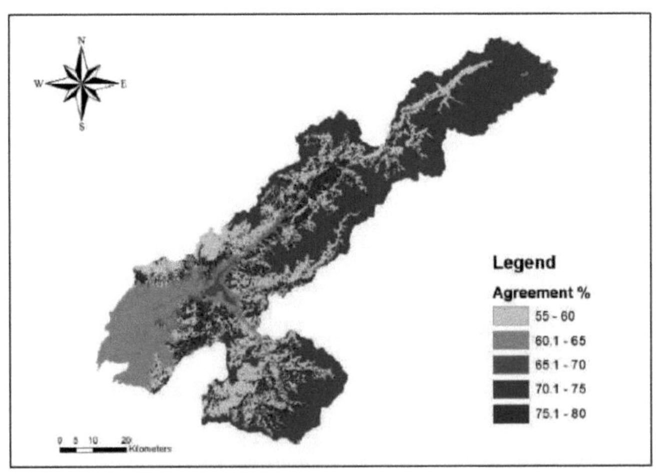


**Figura 20. Espiritualidade (% de concordância)**

As zonas intermédias do parque nacional eram pontos críticos para o fornecimento de serviços espirituais. Especificamente, as florestas do PNUCN foram designadas como o principal fornecedor de serviços espirituais e 79% dos turistas indicaram que podem obter valor espiritual das florestas. Os prados tradicionais também foram considerados como fornecedores de serviços espirituais por 74% dos turistas. Do mesmo modo, as montanhas altas da UCNNP foram consideradas como tendo serviços espirituais abundantes. As outras paisagens foram consideradas menos aptas para a prestação de serviços espirituais.

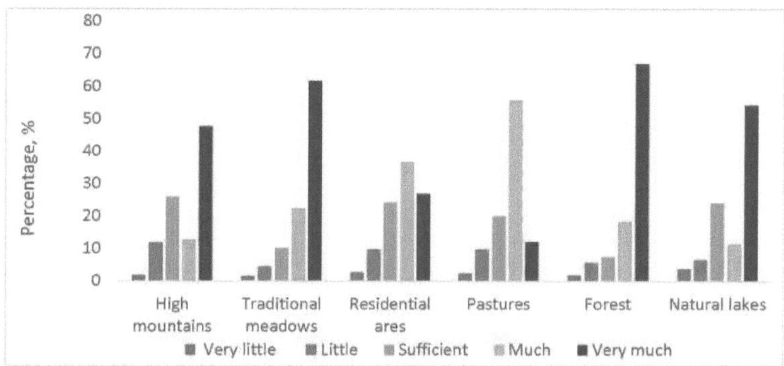


**Figura 21. Importância percebida da espiritualidade proporcionada pelas paisagens**

A figura 21 mostra que as florestas e os prados tradicionais são mais susceptíveis de fornecer serviços espirituais. Estas paisagens obtiveram as pontuações mais elevadas da escala de Likert no questionário e foram admitidas como áreas potenciais para a obtenção de serviços espirituais. Do mesmo modo, as montanhas altas e os lagos naturais foram também considerados como um importante fornecedor de espiritualidade. Os locais residenciais não foram vistos como zonas de acesso a serviços espirituais. Pelo contrário, os turistas preferiram as florestas, os prados tradicionais, os lagos naturais e as montanhas altas para obterem serviços espirituais.

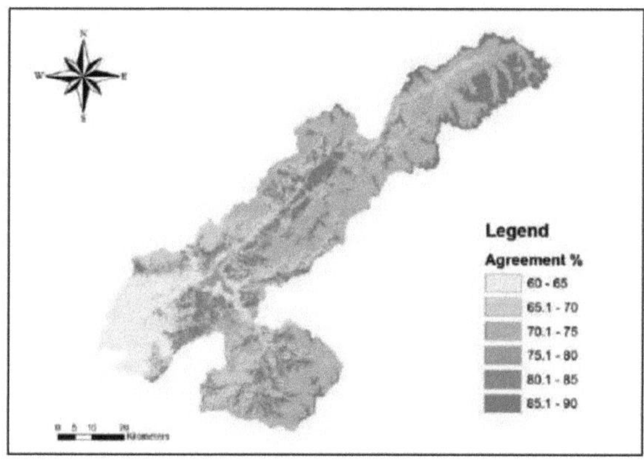


**Figura 22. Património cultural (% de concordância)**

A probabilidade de fornecimento de património cultural foi frequentemente observada na parte nordeste do parque nacional, uma vez que esta alberga montanhas altas; em particular, em oposição aos lagos e florestas naturais, as montanhas altas foram a paisagem mais preferida para obter o serviço. Para além disso, as zonas intermédias de

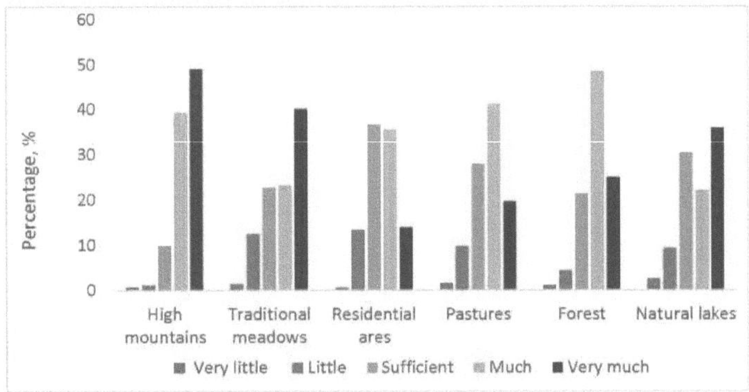


**Figura 23. Importância percebida do património cultural fornecido pelas paisagens**

Na parte norte da zona, os prados e pastagens tradicionais desempenharam um papel significativo na perceção do património cultural. Enquanto a parte sudoeste da zona, onde se situam as aldeias, foi considerada como o tipo de utilização do solo com menor potencial para a provisão de património cultural.

As montanhas altas foram classificadas com a nota máxima de "muito". Os prados tradicionais foram apontados como a segunda área mais apta a fornecer património cultural. No entanto, nas respostas globais de sim/não, as proporções mostraram que as florestas e os lagos naturais são mais capazes do que os prados e pastagens tradicionais. As florestas foram predominantemente destacadas com a categoria de "muito".

### 4.5. Factores que influenciam a perceção da oferta de serviços ecosistémicos culturais

#### 4.5.1. Factores sócio-demográficos

As caraterísticas sociodemográficas dos inquiridos são apresentadas no Quadro 5, segundo o qual muitos dos inquiridos são jovens entre os 18 e os 25 anos de idade, seguidos do grupo etário dos 36-45 anos e dos 26-35 anos. As mulheres representam 51% da distribuição global. No que diz respeito à nacionalidade, a maioria dos inquiridos era uzbeque e de outras nacionalidades, como cazaque, tajique e quirguiz, bem como russa; os inquiridos de nacionalidade inglesa quase não foram encontrados.

**Tabela 5. Caraterísticas sócio-demográficas dos inquiridos (N=90)**

| Respondent profile | N | % |
|---|---|---|
| Age of the tourists | | |
| 18-25 | 32 | 36 |
| 26-35 | 18 | 20 |
| 36-45 | 25 | 28 |
| 46-55 | 15 | 17 |
| Gender | | |
| Male | 44 | 49 |
| Female | 46 | 51 |
| Nationality | | |
| Russian | 17 | 19 |
| Uzbek | 50 | 56 |
| English | 2 | 2 |
| Other (Kazakh, Tajik and Kyrgyz) | 21 | 23 |
| Education level | | |
| Lower secondary school | 1 | 1 |
| Upper secondary school | 45 | 50 |
| University | 44 | 49 |
| Environmental education | | |
| Not any education | 3 | 3.3 |
| Little | 19 | 21 |
| Average | 57 | 63 |
| Good education | 11 | 12 |

| Environmental organization membership | | |
|---|---|---|
| Yes | 9 | 10 |
| No | 81 | 90 |

O nível de educação dos participantes mostrou que a maioria tinha o ensino secundário superior e o grau universitário, enquanto o grau inferior era de apenas 1,1%. A educação ambiental dos inquiridos era maioritariamente média. Os detentores de poucos conhecimentos eram 21%, enquanto 12% dos inquiridos tinham uma boa educação. A maioria dos inquiridos não era membro de nenhuma organização ambiental, enquanto a minoria era membro.

### 4.5.2. Factores que influenciam a perceção da oferta de serviços ecosistémicos culturais

A análise estatística mostrou associações entre as caraterísticas sócio-demográficas e a perceção dos inquiridos sobre a oferta de CES na paisagem. Os resultados sublinham os factores influentes, que podem determinar a atribuição de CES aos turistas nas paisagens. Embora a maioria dos factores se tenha revelado relevante para a perceção dos CES, algumas caraterísticas tiveram um papel significativo na previsão da perceção dos CES.

**Tabela 6. A influência dos antecedentes sócio-demográficos dos inquiridos na perceção da oferta de serviços dos ecossistemas culturais**

Nota: OR = Odds ratio. Os odds ratios são apresentados a negrito e estão assinalados com um * a um nível de significância de p < 0,05. As variáveis não significativas não são apresentadas (todas as variáveis são apresentadas no Anexo, Tabela B5).

Generalized linear mixed model with binomial logit function

| | Recreational activities OR | Aesthetic beauty OR | Spirituality OR | Cultural heritage OR |
|---|---|---|---|---|
| *Socio demographic characters* | | | | |
| ***Gender*** | | | | |
| Male | 0.81 | 0.64 | 1.04 | 0.79 |
| Female | - | - | - | - |
| ***Age*** | | | | |
| 18-25 | 1.39 | 0.91 | 0.66 | 1.44 |
| 26-35 | 1.44 | 2.51 | 0.65 | 0.95 |
| 36-45 | 0.87 | 1.55 | 0.72 | 1.05 |
| 46-55 | - | - | - | - |
| ***Nationality*** | | | | |
| Russian | 1.72 | 0.58 | 0.95 | 0.87 |

| | | | | |
|---|---|---|---|---|
| Uzbek | 1.86* | 0.60 | 0.92 | 1.04 |
| English | 0.82 | 0.60 | 0.80 | 1.37 |
| Others | - | - | - | - |
| ***Education level*** | | | | |
| Lower secondary school | 0.53 | 0.54 | 1.10 | 0.00 |
| Upper secondary school | 0.89 | 2.39* | 0.91 | 0.73 |
| University | - | - | - | - |
| *Environmental behaviour* | | | | |
| ***Environmental education*** | | | | |
| No | 1.15 | 0.25 | 1.02 | 1.59 |
| Low | 0.81 | 0.76 | 1.13 | 1.34 |
| Enough | 0.76 | 0.65 | 0.87 | 1.69 |
| Good | - | - | - | - |
| ***Membership of environmental organization*** | | | | |
| No | 0.74 | 0.69 | 1.22 | 0.48 |
| Yes | - | - | - | |
| *Experience with the landscape* | | | | |
| ***Stays in UCNNP*** | | | | |
| Never before | 0.49 | 2.43 | 1.13 | 0.55 |
| Sometimes | 0.46 | 1.69 | 1.04 | 0.75 |
| Often | 0.66 | 2.86 | 1.12 | 0.68 |
| Very often | - | - | - | - |

Pode concluir-se do quadro que as turistas do sexo feminino, ao contrário dos turistas do sexo masculino, são mais propensas a associar à paisagem os serviços sociais e culturais, como as actividades recreativas, a beleza estética e o património cultural, enquanto os turistas do sexo masculino associam os serviços espirituais às paisagens. Verificaram-se diferenças consideráveis na perceção dos serviços sociais nas paisagens da UCNNP. Os turistas com idades compreendidas entre os 18 e os 35 anos foram mais propensos a percecionar o património recreativo e cultural nas paisagens do que os turistas mais velhos. Os serviços espirituais das paisagens foram muito valorizados pelos turistas com idades compreendidas entre os 45 e os 55 anos, enquanto a beleza estética das paisagens do parque nacional foi apreciada pelos turistas com idades compreendidas entre os 26 e os 45 anos.

A nacionalidade desempenhou um papel significativo na perceção das actividades recreativas por parte dos turistas. Os turistas uzbeques, em particular, tiveram um efeito significativo na obtenção de serviços recreativos das paisagens. Além disso, os turistas russos foram considerados como tendo uma elevada apreciação dos serviços recreativos. Surpreendentemente, a beleza estética e a espiritualidade das paisagens foram sobretudo apreendidas por outros grupos de nacionalidades, enquanto o património cultural foi associado às paisagens pelos turistas uzbeques e ingleses.

O nível do ensino secundário dos turistas desempenhou um papel significativo na sua perceção dos serviços estéticos das paisagens. Além disso, quanto mais elevado era o grau de instrução dos turistas, maior era a probabilidade de percecionar o valor recreativo, estético e o património cultural das paisagens. É interessante notar que os turistas que tinham uma educação ambiental mais baixa eram mais propensos a obter o valor espiritual e o património cultural das paisagens do que as pessoas com educação superior. Os inquiridos que eram membros de organizações ambientais apreciaram a paisagem principalmente pelo seu valor recreativo, estético e pelo património cultural, mais do que pelos seus serviços espirituais, e eram mais capazes de perceber estes serviços do que os não membros de organizações ambientais. Além disso, os turistas que tinham menos experiência com as paisagens da UCNNP tinham mais tendência a percecionar a espiritualidade e a beleza natural do parque nacional, em contraste com os turistas que visitaram a área muitas vezes antes.

# Capítulo 5

## 5. Discussão

Esta parte da tese contém três argumentos fundamentais sobre a minha investigação. A primeira parte destaca as suas fraquezas na metodologia e as incertezas nos resultados. Na segunda parte, discute-se a validade do estudo. Por último, a investigação recente é comparada com outros estudos.

O quadro metodológico, aplicado à minha investigação, forneceu dados sobre a perceção que os turistas têm dos CES. Os resultados evidenciam as relações entre o tipo de utilização do solo e a perceção dos serviços por parte dos inquiridos. Na prática, o questionário baseado em fotografias e a formação sucessiva de mapas são ferramentas fáceis de gerir e flexíveis. Podem também ser distribuídos por outros grupos de partes interessadas e áreas regionais. Através da integração espacial da perceção dos turistas, podem ser obtidas informações valiosas sobre as áreas potenciais para o desenvolvimento do turismo, a fim de fornecer aos decisores locais uma quantidade suficiente de informações sobre a futura gestão da paisagem (Scolozzi et al., 2014). Além disso, através deste método, os resultados indesejados, gerados pela alteração do uso do solo, e os aspectos em que a pressão entre os habitantes locais e os turistas pode ser aliviada.

Alguns pontos fracos, que foram enfrentados durante o inquérito, também foram encontrados noutros estudos. Para ultrapassar essas limitações, foram adoptadas algumas estratégias, que são enumeradas a seguir:

- *Tradução de uma língua para outra.* Os estudos que se baseiam na análise da perceção pública requerem questionários. Muitos estudos revelam que a formação de questionários e a sua tradução para outra língua podem afetar a forma como as pessoas compreendem o objetivo do inquérito (Ervin et al., 1952; Chang et al., 1999). A tradução do questionário para a língua uzbeque pode alterar o significado principal das perguntas. Para reduzir este problema, as perguntas do inquérito foram traduzidas com muito cuidado. Uma vez traduzidas para a língua uzbeque, as perguntas foram experimentadas num estudo-piloto, em que um certo número de estudantes foi previamente inquirido, para verificar se os inquiridos as compreendiam corretamente. Depois de identificar o que estava formulado de forma inadequada no questionário, as perguntas foram reorganizadas em conformidade, modificando a tradução e utilizando palavras adequadas para as descrever;
- *Limitações das imagens de paisagens.* Em alguns estudos, em que foram utilizadas imagens de paisagens, a falta de imagens de paisagens foi a principal preocupação (Zoderer et al., 2016; Plieninger et al., 2013), o que aconteceu no inquérito. Por conseguinte, as imagens escolhidas para a descrição das paisagens foram também testadas num inquérito-piloto com alguns dos inquiridos. Posteriormente, selecionei seis imagens de seis tipos de paisagem, restringindo a consideração das caraterísticas específicas do local dos tipos de paisagem. Da mesma forma, estes aspectos foram mencionados como uma questão considerável na investigação realizada por Zoderer et al. (2016). Para ultrapassar este problema e obter dados valiosos, foram impressas fotografias coloridas das paisagens. Além disso, foram tiradas fotografias extra de seis paisagens para que os turistas pudessem visualizar melhor essas paisagens.

Para além disso, a incerteza de que os turistas compreendam o conceito na sua totalidade e apontem a importância do CES, depende da sua compreensão. Nalguns casos, confundiram-se ao diferenciar os termos utilizados no questionário, tais como beleza estética e espiritualidade.

Por conseguinte, as descrições de cada CES foram descritas com exemplos até os turistas obterem o significado de cada termo utilizado no questionário. Esta ação ajudou os inquiridos a compreender claramente as perguntas e a respondê-las corretamente. Como resultado, foram obtidos dados fiáveis e valiosos.

A investigação, que se baseia na perceção pública, envolve normalmente uma elevada taxa de incerteza (Lindsey e Norman, 1977). Estas incertezas ocorrem devido a muitas variáveis intervenientes que podem potencialmente influenciar os resultados. Embora a investigação envolva algumas limitações, que foram descritas acima, os resultados são aplicáveis porque as perguntas do inquérito foram formadas após a revisão de várias literaturas (Zoderer et al., 2016; Plieninger et al., 2013; Daniel et al., 2012). Ao mesmo tempo, o estudo das metodologias de diferentes investigações tornou-se fundamental para melhorar a validade do inquérito. A comparação de diferentes estudos, que estão relacionados com a minha investigação (Plieninger et al., 2013; Daniel et al., 2012; Zoderer et al., 2016; van Berkel e Verburg, 2014; Scolozzi et al., 2014), ajudou a aumentar a fiabilidade do trabalho.

Os resultados obtidos mostram que as CES têm um papel considerável na atração de turistas para o parque nacional. Os resultados da pesquisa demonstraram resultados semelhantes alcançados por Zoderer et al., (2016) e van Berkel e Verburg, (2014), que as oportunidades recreativas e a beleza estética das paisagens foram valorizadas pelos inquiridos, enquanto a espiritualidade e o património cultural ganharam menor importância. No entanto, a diferença entre os serviços ecossistémicos culturais percebidos nesta investigação não foi notavelmente elevada, enquanto a investigação levada a cabo por Zoderer et al., (2016) apontou diferenças consideráveis entre as percepções dos serviços ecossistémicos culturais. O que significa que todos os serviços ecossistémicos culturais têm um papel importante na atração de turistas. Estudos implementados por Plieninger et al., (2013) e Fagerholm et al., (2012) apoiam a minha investigação na pesquisa que os turistas certamente associam CES com estrutura espacial e sua apreciação de fato muda dependendo do CES e tipos de paisagem aplicados. Os estudos conduzidos para identificar as preferências das pessoas sobre as CES enfatizaram principalmente o termo beleza natural, enquanto a associação clara entre a apreciação dos turistas e outros componentes das CES raramente foi incluída (van Berkel e Verburg, 2014). Os resultados obtidos nesta investigação atenuaram, em certa medida, a questão ao envolver quatro componentes da CES.

Mais informações sobre a localização espacial e a magnitude das áreas que proporcionam CES foram obtidas através da criação de mapas (Burkhard et al., 2014). As paisagens naturais, como as montanhas altas, as florestas e os lagos naturais, foram destacadas como áreas de interesse para a realização de actividades recreativas, beleza estética e valores do património cultural.

Diferentes estudos revelaram uma variação nos factores como o sexo, a idade e a formação académica dos inquiridos (Howley et al., 2012; Plieninger et al., 2013b; van Berkel e Verburg, 2014). Os resultados derivados deste estudo revelam que cada inquirido percepciona o CES de forma diferente com base na sua nacionalidade, idade, género e formação académica. A análise estatística revela que a perceção do CES varia em função do género. À semelhança de outros estudos (Howley, 2011; Plieninger et al., 2013b; Zoderer et al., 2016), os resultados revelam que as mulheres inquiridas, ao contrário dos homens, apreciam mais prontamente as paisagens por benefícios não materiais. Em alguns estudos relacionados, a variável idade foi encontrada como um fator estatisticamente significativo para a apreciação do turista de paisagens para o fornecimento de CES (Van den Berg e Koole, 2006; van Berkel e Verburg, 2014), enquanto essa significância não foi detectada neste estudo. Em vez disso, os meus resultados revelam que a nacionalidade dos turistas e a sua formação académica estão significativamente associadas ao CES com as paisagens. Apesar de ter o papel importante de alguns factores relacionados com o comportamento ambiental e a experiência com a paisagem na perceção dos turistas, não foi encontrada qualquer influência significativa em relação a estas variáveis.

# Conclusão

Neste estudo, foi testada uma estrutura para identificar e mapear a oferta de CES com base na perceção dos turistas no parque nacional.

Os resultados da RQ1 determinam que foram abordadas quatro categorias de serviços ecossistémicos culturais, tais como a oportunidade para actividades de lazer, espiritualidade, beleza estética e património cultural dos seis tipos de paisagens, que são montanhas altas, prados tradicionais, áreas residenciais, pastagens e lagos naturais da UCNNP. Os resultados baseados nos relatórios anuais e nas publicações locais indicam que a beleza estética do parque nacional se encontra em cada paisagem e todos os anos milhares de turistas ficam fascinados com a beleza natural da zona. Para além disso, as altas montanhas do parque nacional permitem o fornecimento de todas as CES listadas. Em particular, acolhem a maioria dos turistas, oferecendo uma multiplicidade de actividades recreativas (por exemplo, esqui, caminhadas, escalada, passeios a cavalo, etc.), serviços espirituais (monumentos antigos para rezar), beleza estética e património cultural. As actividades aquáticas, como natação, passeios de barco, iatismo e outras actividades, encontram-se nos lagos naturais da UCNNP, onde a maioria dos turistas costuma visitar para praticar actividades desportivas relacionadas com a água. Além disso, existem vários monumentos antigos e locais sagrados perto dos lagos naturais, onde os turistas praticam os seus cultos e, simultaneamente, apreciam o património cultural da paisagem.

Além disso, as florestas são consideradas um local muito adequado para a organização de várias excursões científicas para turistas. No entanto, a observação pessoal mostra que as florestas e os prados tradicionais não são activos na oferta de actividades recreativas, embora tenham um valor único na oferta de espiritualidade, valor estético e património cultural. As zonas residenciais são também muito populares entre a maioria dos turistas locais, oferecendo actividades recreativas e património cultural. As actividades e os jogos tradicionais são organizados nas pastagens para os turistas locais, mas o valor espiritual da paisagem não é mencionado nem nos artigos locais nem nos relatórios da UCNNP. Há espaço para melhorar as numerosas actividades de mediação nas zonas de pastagem, como o ioga, para os turistas locais que vêm apenas com o objetivo de rezar. Se forem introduzidas outras actividades na zona, os turistas podem obter benefícios espirituais também através de outras actividades. Pode ser feita uma recomendação à administração do parque nacional no sentido de organizar mais actividades recreativas para atrair a atenção dos turistas e o valor da paisagem.

A QR2 visava detetar caraterísticas físicas e obter uma visão geral da área, bem como a distribuição espacial das unidades de paisagem. A análise evidenciou que uma pequena parte da UCNNP é constituída por reservatórios de água, apresentando uma quantidade bastante reduzida em comparação com as coberturas de área de outras paisagens. Ao contrário, a vegetação sazonal cobre uma área enorme. As zonas de altitude dominantes na área estão entre 1200-2500 metros a.s.l., que é o centro do parque nacional, e as zonas de altitude entre 2500-3500 metros a.s.l. são as segundas zonas principais.

Outro objetivo (RQ3) foi analisar a perceção do turista sobre o CES. Esta análise foi obtida a partir dos resultados do inquérito. Foi pedido aos turistas locais e estrangeiros que representassem o papel dos CES na sua decisão de visitar a UCNNP. A principal conclusão da questão de pesquisa é que os serviços estéticos são os mais valorizados, enquanto o património cultural é o fator menos importante na sua decisão de viajar para o parque. Os serviços recreativos e espirituais da área também têm um papel substancial na atração de turistas. Além disso, com base nos resultados, foi identificada a associação de quatro CES com as paisagens. Aparentemente, em contraste com as pastagens e as zonas residenciais, os lagos naturais, os prados tradicionais e as florestas são tipos de paisagem altamente associados a todas as CES.

Dependendo da perceção dos turistas, a capacidade da paisagem para fornecer CES foi mapeada. Os resultados da RQ4 revelam que todas as paisagens têm uma importância considerável na oferta de diversos CES. A capacidade das terras médias (lagos naturais) parece estar entre as paisagens mais valorizadas em termos de actividades recreativas e beleza estética, enquanto as terras altas da área (montanhas altas) são marcadas como fornecedoras de património recreativo e cultural. Os benefícios espirituais estão sobretudo associados aos prados e florestas tradicionais. Atualmente, porém, estas paisagens estão em risco devido à poluição destas zonas. Por conseguinte, é necessário um instrumento de gestão global para salvar a beleza natural da zona. A administração do parque nacional poderia optar por introduzir o pagamento de serviços ecossistémicos (PSA) em zonas com elevada oferta.

A análise estatística (modelo misto linear generalizado com função logit binomial) ajudou a correlacionar a perceção dos turistas e as caraterísticas sócio-demográficas, tais como a idade, o género, a nacionalidade, o nível educacional, o comportamento ambiental e a experiência com as paisagens da área. A minha análise demonstrou que o nível de educação, juntamente com a nacionalidade dos inquiridos, são os principais factores que explicam a associação da CES com as paisagens. Outros factores, como a idade, o género e o comportamento ambiental dos inquiridos, revelaram-se relevantes, mas não mostraram qualquer associação significativa entre as CES e as paisagens. Com base nestes resultados, sugiro que a organização de diferentes workshops, seminários e conferências sobre as paisagens da UCNNP e os seus serviços, seja feita em cooperação com académicos e institutos de investigação. Estas actividades podem facilitar a compreensão do termo CES e a sua associação com as paisagens a todas as pessoas, independentemente da sua idade, género e nacionalidade.

Os resultados da minha pesquisa permitem revelar a perceção dos turistas sobre as CES que se encontram em diferentes paisagens do parque nacional. Estas análises podem ser úteis para os decisores na definição de futuras estratégias de gestão das paisagens da UCNNP, tendo simultaneamente em conta a opinião dos visitantes.

## Referência

Bateman, I., Mace, G., Fezzi, C., Atkinson, G. e Turner, K. (2010). Análise económica para avaliações de serviços ecossistémicos. Economia do Ambiente e dos Recursos. 48: 177-218.

Bryan, B.A., Raymond, C.M., Crossman, N.D., Macdonald, D.H., 2010. Direcionar a gestão dos serviços ecossistémicos com base em valores sociais: onde, o quê e como? Paisagem e Planeamento Urbano 97, 111-122.

Burkhard, B., Kandziora, M., Hou, Y., & Muller, F. (2014). Potenciais, fluxos e demandas de serviços ecossistêmicos - conceitos para localização, indicação e quantificação espacial. Landscape Online, 34, 1-32

Chan, K. M., Guerry, A. D., Balvanera, P., Klain, S., Satterfield, T., Basurto, X. & Hannahs, N. (2012). Onde estão o cultural e o social nos serviços ecosistémicos? A framework for constructive engagement. *BioScience*, *62*, 744-756.

Chang, A. M., Chau, J. P., & Holroyd, E. (1999). Tradução de questionários e questões de equivalência. Journal of advanced nursing, 29, 316-322.

Chen, N., Huancheng, L. e Wang. L. (2006). Uma abordagem baseada em SIG para mapear o valor de uso direto dos serviços ecossistémicos à escala do município: Management implications. Ecological Economics. 68: 2768-2776.

Costanza, R., d'Arge, R., de Groot, R., Farber, S., Grasso, M., Hannon, B., Limburg, K., Naeem, S., O'Neill, R.V. e Paruelo, J. (1998). The value of the world's ecosystem services and natural capital. Ecological Economics. 25: 3-15.

Daily, G.C. (1997). Nature's services: societal dependence on natural ecosystems. Island Press, Washington, EUA. 392 pp.

Daniel, T. C., Muhar, A., Arnberger, A., Aznar, O., Boyd, J. W., Chan, K. M. & Gret-Regamey, A. (2012). Contribuições dos serviços culturais para a agenda dos serviços ecossistémicos. *Actas da Academia Nacional de Ciências*, *109*, 8812-8819.

Daniel, T.C., 2001. Para onde vai a beleza cénica? Avaliação da qualidade visual da paisagem no século XXI. Landsc. Urban Plan. 54, 267-281.

De Groot, R. (2006). Análise e avaliação de funções como ferramenta para avaliar os conflitos de utilização dos solos no planeamento de paisagens sustentáveis e multifuncionais. *Landscape and urban planning*, *75*, 175-186.

De Groot, R. S., Alkemade, R., Braat, L., Hein, L., & Willemen, L. (2010). Desafios na integração do conceito de serviços e valores dos ecossistemas no planeamento, gestão e tomada de decisões sobre a paisagem. Complexidade Ecológica, 260-272.

Ervin, S., & Bower, R. T. (1952). Translation problems in international surveys. Public Opinion Quarterly, 16, 595-604.

Esipov A., Sarymsakov E.Ugam-Chatkalskiy gosudarstvenniy prirodniy nacionalniy park // Ekologicheskiy vestnik, 2004. № 1. S.46-47.

Fagerholm, N., Kayhko, N., Ndumbaro, F., & Khamis, M. (2012). Conhecimento das partes interessadas da comunidade em avaliações de paisagem - Mapeamento de indicadores para serviços de paisagem. *Indicadores Ecológicos*, *18*, 421-433.

Fagerholm, N., Kayhko, N., Ndumbaro, F., & Khamis, M. (2012). Conhecimento das partes interessadas da comunidade em avaliações de paisagem - Mapeamento de indicadores para serviços de paisagem. *Indicadores Ecológicos*, *18*, 421-433.

Fisher, B., Turner, K.R., Morling, P., 2009. Definindo e classificando os serviços ecossistémicos para a tomada de decisões. Ecol. Econ. 68 (3), 643-653.

Foody, G. M., Mathur, A., Sanchez-Hernandez, C., & Boyd, D. S. (2006). Requisitos de tamanho do conjunto de treinamento para a classificação de uma classe específica. *Remote Sensing of Environment*, *104*(1), 1-14.

Gomez-Baggethun, E., de Groot, R., Lomas, P.L., Montes, C., 2010. A história dos serviços ecossistémicos na teoria e prática económicas: das primeiras noções aos mercados e esquemas de pagamento. Ecol. Econ. 69, 1209-1218.

Gong, P., & HOWARTH, P. (1990). Uma avaliação de alguns factores que influenciam a classificação multiespectral do coberto vegetal. Photogrammetric Engineering and Remote Sensing, 56(5), 597-603.

Guo, Z.W., Zhang, L., Li, Y.M., 2010. Aumento da dependência dos seres humanos dos serviços ecossistémicos e da biodiversidade. Plos ONE 5, e13113.

Hamidov, O.H., (2012). Finansoviy Mehanizm Upravleniya Ekologicheskim Turizmom na Territorii Ugam Chatkalskogo Natsionalnogo Parka. *Tashkentskiy gosudarstvenniy ekonomiehskiy universitet. Tashkent, Uzbequistão*.

Howley, P., 2011. Landscape aesthetics: assessing the general publics' preferences towards rural landscapes (Estética da paisagem: avaliação das preferências do público em geral relativamente às paisagens rurais). Ecol. Econ. 72, 161-169.

Howley, P., Donoghue, C.O., Hynes, S., 2012. Explorando as preferências do público por paisagens agrícolas tradicionais. Landsc. Urban Plan. 104, 66-74.

Ionov, R. N., & Lebedeva, L. P. (2005). Rastitelniy pokrov Zapadnogo Tjan-Shanya (Obzor sovremennogo sostoyaniya flora i rastitelnosti). Programa de Transgranificação Central do GEF/VB. Pod red. Prof. E. D. Shukurova. Bishkek

J., Kareiva, P.M., Lonsdorf, E., Naidoo, R., Ricketts, T.H. e Shaw, M.R. (2009). Modelação de múltiplos serviços ecossistémicos, conservação da biodiversidade, produção de mercadorias e tradeoffs à escala da paisagem. Frontiers in Ecology and Environment. 7(1): 4-11.

Kaplan, R., 1985. A análise da perceção através da preferência: uma estratégia para estudar a forma como o ambiente é vivido. Landsc. Urban Plan. 12, 161-176.

Kuching, S. (2007). O desempenho dos classificadores de máxima verosimilhança, mapeador de ângulo espetral, rede neural e árvore de decisão na análise de imagens hiperespectrais. Jornal de Ciências da Computação, 3(6), 419-423

Kumar, R. (2014). Metodologia de investigação: Um guia passo-a-passo para principiantes. Sage.

Layke, C. (2009). Measuring Nature's Benefits (Medir os Benefícios da Natureza): A Preliminary Roadmap for Improving Ecosystem Service Indicators. Documento de trabalho do WRI. Instituto de Recursos Mundiais, Washington DC. [em linha] Disponível em :< http://www.wri.org/publication/measuring-natures-benefits>. [Acedido em 11 de outubro de 2010].

Lead, C., de Groot, R., Fisher, B., Christie, M., Aronson, J., Braat, L., & Polasky, S. (2010). Integrando as dimensões ecológica e económica na avaliação da biodiversidade e dos serviços ecossistémicos.

Leibel, N. (2011). Proteger a biodiversidade em paisagens de produção: um guia para trabalhar com cadeias de abastecimento do agronegócio para a conservação da biodiversidade.

Lopez-Santiago, C.A., Oteros-Rozas, E., Marfin-Lopez, B., Plieninger, T., GonzalezMartm, E., Gonzalez, J.A., 2014. Usando estímulos visuais para explorar as percepções sociais dos serviços ecossistêmicos em paisagens culturais: o caso da transumância na Espanha mediterrânea. Ecol. Soc. 19.

Manandhar, R., Odeh, I. O., & Ancev, T. (2009). Melhoria da exatidão do uso e ocupação do solo classificação de dados Landsat utilizando o reforço pós-classificação. *Sensoriamento Remoto*, *1*(3), 330-344.

Metzger, M.J., Rounsevell, M.D.A., Acosta-Michlik, L., Leemans, R. e Schroter. D. (2006). The vulnerability of ecosystem services to land use change. Agriculture, Ecosystems and Environment. 114: 69-85.

Avaliação Ecossistémica do Milénio, 2005. Os Ecossistemas e o Bem-Estar Humano: Síntese. Island Press, Washington, DC.

Naidoo, R., Balmford, A., Costanza, R., Fisher, B., Green, R.E., Lehner, B., Malcolm, T.R. e Ricketts, 71 Developing Ecosystem Service Indicators T.H. (2008). Mapeamento global dos serviços ecossistémicos e prioridades de conservação. Proceedings of the National Academy of Sciences. 105(28): 9495-9500.

Nelson, E., Mendoza, G., Regetz, J., Polasky, S., Tallis, H., Cameron R., Chan, K.M.A., Daily, G.C., Goldstein,

Palmer, J.F., Hoffman, R.E., 2001. Fiabilidade da classificação e validade da representação nas avaliações da paisagem cénica. Landsc. Urban Plan. 54, 149-161.

Paudyal, K., Baral, H., Burkhard, B., Bhandari, S. P., & Keenan, R. J. (2015). Avaliação participativa e mapeamento de serviços ecossistêmicos em uma região pobre em dados: Estudo de caso de florestas geridas pela comunidade no centro do Nepal. *Ecosystem services*, *13*, 81-92

Plieninger, T., Dijks, S., Oteros-Rozas, E., Bieling, C., 2013b. Avaliação, mapeamento e quantificação dos serviços ecossistémicos culturais ao nível da comunidade. Política de Uso da Terra33, 118-129.

Plieninger, T.; Dijks, S.; Oteros-Rozas, E. & C. Bieling 2013. Avaliação, mapeamento e quantificação dos serviços ecossistémicos culturais a nível comunitário. Land Use Policy 33, 118-129.

Raymond, C. M., Bryan, B. A., MacDonald, D. H., Cast, A., Strathearn, S., Grandgirard, A., & Kalivas, T. (2009). Mapping community values for natural capital and ecosystem services. Ecological economics, 68(5), 1301-1315.

Ryan, R.L., 2011. A paisagem social do planeamento: integração da investigação social e perceptiva na informação sobre o planeamento espacial. Paisagem e Planeamento Urbano 100, 361-363.

Scolozzi, R., Schirpke, U., Detassis, C., Abdullah, S., Gretter, A., 2014. Mapeamento dos valores da paisagem alpina e ameaças relacionadas, conforme percebidas pelos turistas. Landsc.Res., 1-15.

Shukurov E.D., O.V. Mitropolskiy, V.N. Talskih, Zoldubaeva L.Y. Shevchenko V.V. (2005) Atlas of biodiversity in the Western Tian - Shan zones. Projeto de Biodiversidade Transfronteiriça da Ásia Central.

Song, C., Woodcock, C. E., Seto, K. C., Lenney, M. P., & Macomber, S. A. (2001). Classificação e deteção de alterações utilizando dados Landsat TM: Quando e como corrigir os efeitos atmosféricos? Remote sensing of Environment, 75(2), 230-244.

Swetnam, R.D., Fisher, B., Mbilinyi, B.P., Munishi, P.K.T., Willcock, S., Ricketts, T.,Mwakalila, S., Balmford, A., Burgess, N.D., Marshall, A.R., Lewis, S.L., 2011.Mapping socio-economic scenarios of land cover change: a GIS method toenable ecosystem service modelling. J. Environ. Manage. 92, 563-574.

TEEB (The Economics of Ecosystems and Biodiversity) (2009). The Economics of Ecosystems and Biodiversity for national and international policy makers' summary (A Economia dos Ecossistemas e da Biodiversidade para decisores políticos nacionais e internacionais): Responding to the Value of Nature.

Tempesta, T., 2010. A perceção das paisagens históricas agrárias: um estudo da planície do Veneto em Itália. Landsc. Urban Plan. 97, 258-272.

Tengberg, A., Fredholm, S., Eliasson, I., Knez, I., Saltzman, K., & Wetterberg, O. (2012). Serviços ecossistémicos culturais prestados pelas paisagens: avaliação dos valores patrimoniais e da identidade. *Ecosystem Services*, *2*, 14-26.

Tojibaev K.Sh. Flora Jugo-Zapadnogo Tyan-Shanya. - Tashkent: Fan, 2010. - 100 s.

UCNNP, 2012. Kadastr rastitelnogo raznoobraziya Ugam Chatkalskogo Natsionalnogo Parka, Gazalkent, Uzbequistão.

UCNNP, 2014. Kadastr rastitelnogo raznoobraziya Ugam Chatkalskogo Natsionalnogo Parka, Gazalkent, Uzbequistão.

UCNNP, 2015. Kadastr rastitelnogo raznoobraziya Ugam Chatkalskogo Natsionalnogo Parka, Gazalkent, Uzbequistão.

PNUD (2015). Quinto relatório nacional da República do Uzbequistão sobre a conservação da biodiversidade, Tashkent, Uzbequistão

Van Berkel, D. B., & Verburg, P. H. (2014). Quantificação espacial e avaliação de serviços ecossistémicos culturais numa paisagem agrícola. *Indicadores ecológicos*, *37*, 163-174.

Van den Berg, A.E., Koole, S.L., 2006. New wilderness in the Netherlands: aninvestigation of visual preferences for nature development landscapes. Landsc.Urban Plan. 78, 362-372.

Van Niel, T. G., McVicar, T. R., & Datt, B. (2005). Sobre a relação entre o tamanho da amostra de treinamento e a dimensionalidade dos dados: Análise de Monte Carlo da classificação multitemporal de banda larga. *Remote Sensing of Environment*, *98*(4), 468-480.

Zoderer, B. M., Tasser, E., Erb, K. H., Stanghellini, P. S. L., & Tappeiner, U. (2016). Identificar e mapear a perceção dos turistas sobre os serviços ecossistémicos culturais: Um estudo de caso de uma região alpina. *Land Use Policy*, *56*, 251-261.

# ANEXO A.

Caro participante,

Este é um questionário anónimo, que é usado para um estudo independente para a realização do Mestrado na Universidade de Wageningen na esfera da Ciência Ambiental. O objetivo do estudo é identificar a perceção pública dos serviços ecosistémicos e a vontade das pessoas de pagar por estes serviços. No início do inquérito, será dada uma breve visão geral do termo "serviços de ecossistemas culturais" e dos seus componentes. A sua opinião e respostas honestas são apreciadas e seriam um grande contributo para o inquérito. O questionário demorará aproximadamente 15 a 20 minutos.

1. O Parque Natural Nacional de Ugam Chatkal é uma área protegida que presta diferentes serviços ecossistémicos culturais. As seguintes razões foram importantes para a sua decisão de vir de férias para o Parque Natural Nacional de Ugam Chatkal? Por favor, selecione um valor de 1 (nada) a 5 (muito) para cada afirmação.

| **Cultural Ecosystem Services** | Not important at all | Not important | Neutral | Important | Extremely important |
|---|---|---|---|---|---|
| Because of the tourist services and facilities (hotels/B&B/apartments/camps, public transport, tourist Information offices, etc.) | 1 | 2 | 3 | 4 | 5 |
| Because of the landscape and nature | 1 | 2 | 3 | 4 | 5 |
| Because of the calm and quietness | 1 | 2 | 3 | 4 | 5 |
| Because it's close to the country/region/city where I live | 1 | 2 | 3 | 4 | 5 |
| Because of the weather and the climate | 1 | 2 | 3 | 4 | 5 |
| Other... | 1 | 2 | 3 | 4 | 5 |

2. Os serviços culturais proporcionados pelas paisagens do Parque Natural Nacional de Ugam Chatkal foram uma razão importante para a sua decisão de vir de férias para o Parque Natural Nacional de Ugam Chatkal? Por favor, escolha um valor de 1 (nada) a 5 (muito) para cada um dos seguintes serviços culturais.

| **Cultural Ecosystem Services** | Not important at all | Not important | Neutral | Important | Extremely important |
|---|---|---|---|---|---|
| *Opportunity for leisure activities* (The opportunity to interact with the landscape through activities such as walking, hiking, climbing, or leisure hunting.) | 1 | 2 | 3 | 4 | 5 |
| *Aesthetic beauty* (The visual appreciation of the considered scenery.) | 1 | 2 | 3 | 4 | 5 |
| *Spirituality* (The spiritual experience of the landscape through meditation, reflection, or religious practices.) | 1 | 2 | 3 | 4 | 5 |
| *Cultural heritage* (The specific features of the landscape associated with cultural meanings and related to histories of human use.) | 1 | 2 | 3 | 4 | 5 |

3. Os serviços ecossistémicos culturais prestados pelas paisagens do Parque Natural Nacional de Ugam Chatkal seriam a principal razão para passar férias no Parque Natural Nacional de Ugam Chatkal?

Sim                                        Não

**Imagens de paisagens do Parque Natural Nacional de Ugam Chatkal**

**Paisagem 1: Altas montanhas**

**Paisagem 2: Prados tradicionais**

**Paisagem 3: Aldeia**

**Paisagem 4: Pastagens**

**Paisagem 5: Floresta**

**Paisagem 6: naturais**

4. Quanto é que gosta das paisagens do Parque Natural Nacional Ugam Chatkal apresentadas na folha de imagens? Por favor, atribui a cada paisagem um valor de 1 (não gosto nada) a 5 (gosto muito).

| Landscape | I totally dislike | I dislike | Neutral | I like | I totally like |
|---|---|---|---|---|---|
| Landscape 1 | 1 | 2 | 3 | 4 | 5 |
| Landscape 2 | 1 | 2 | 3 | 4 | 5 |
| Landscape 3 | 1 | 2 | 3 | 4 | 5 |
| Landscape 4 | 1 | 2 | 3 | 4 | 5 |
| Landscape 5 | 1 | 2 | 3 | 4 | 5 |
| Landscape 6 | 1 | 2 | 3 | 4 | 5 |

5. Observe a folha de imagens e indique, para cada paisagem do Parque Natural Nacional de Ugam Chatkal, se esta lhe oferece a possibilidade de realizar actividades de lazer (por exemplo, passeios, caminhadas, escalada, passeios de barco, pesca, caça). Escolha Não ou Sim.

Em seguida, indique, para cada paisagem em que escolheu "Sim", em que medida esta lhe proporciona a possibilidade de realizar actividades de lazer. Atribua um valor de 1 (muito pouco) a 5 (muito).

| Landscapes | Provision of leisure activities? | | How much provision of the possibility of leisure activities? | | | | |
|---|---|---|---|---|---|---|---|
| | | | Very little | Little | Average | Much | Very much |
| Landscape 1 | Yes | No | 1 | 2 | 3 | 4 | 5 |
| Landscape 2 | Yes | No | 1 | 2 | 3 | 4 | 5 |
| Landscape 3 | Yes | No | 1 | 2 | 3 | 4 | 5 |
| Landscape 4 | Yes | No | 1 | 2 | 3 | 4 | 5 |
| Landscape 5 | Yes | No | 1 | 2 | 3 | 4 | 5 |
| Landscape 6 | Yes | No | 1 | 2 | 3 | 4 | 5 |

6. Observe a folha com as imagens e indique, para cada paisagem do Parque Natural Nacional de Ugam Chatkal, se esta lhe proporciona beleza estética (ou seja, o prazer visual da paisagem natural). Escolha Não ou Sim.

   Em seguida, indique, para cada paisagem em que escolheu "Sim", em que medida esta lhe proporciona beleza estética. Atribua um valor de 1 (muito pouco) a 5 (muito).

| Landscapes | Provision of aesthetic beauty? | | How much provision of aesthetic beauty? | | | | |
|---|---|---|---|---|---|---|---|
| | | | Very little | Little | Average | Much | Very much |
| Landscape 1 | Yes | No | 1 | 2 | 3 | 4 | 5 |
| Landscape 2 | Yes | No | 1 | 2 | 3 | 4 | 5 |
| Landscape 3 | Yes | No | 1 | 2 | 3 | 4 | 5 |
| Landscape 4 | Yes | No | 1 | 2 | 3 | 4 | 5 |
| Landscape 5 | Yes | No | 1 | 2 | 3 | 4 | 5 |
| Landscape 6 | Yes | No | 1 | 2 | 3 | 4 | 5 |

7. Observe a folha de imagens e indique, para cada paisagem do Parque Natural Nacional Ugam

Chatkal, se esta lhe proporciona espiritualidade (por exemplo, meditação, religiosidade, reflexão). Escolha Não ou Sim.

Em seguida, indique, para cada paisagem em que escolheu "Sim", em que medida esta lhe proporciona espiritualidade. Atribua um valor de 1 (muito pouco) a 5 (muito).

| | | | How much provision of spirituality? | | | | |
|---|---|---|---|---|---|---|---|
| Landscapes | Provision of spirituality? | | Very little | Little | Average | Much | Very much |
| Landscape 1 | Yes | No | 1 | 2 | 3 | 4 | 5 |
| Landscape 2 | Yes | No | 1 | 2 | 3 | 4 | 5 |
| Landscape 3 | Yes | No | 1 | 2 | 3 | 4 | 5 |
| Landscape 4 | Yes | No | 1 | 2 | 3 | 4 | 5 |
| Landscape 5 | Yes | No | 1 | 2 | 3 | 4 | 5 |
| Landscape 6 | Yes | No | 1 | 2 | 3 | 4 | 5 |

8. Observe a folha de imagens e indique, para cada paisagem do Parque Natural Nacional de Ugam Chatkal, se esta lhe fornece património cultural (ou seja, caraterísticas específicas da paisagem que representam valores culturais e histórias de utilização humana). Escolha Não ou Sim.
   Em seguida, indique, para cada paisagem em que escolheu "Sim", em que medida esta lhe proporciona património cultural. Atribua um valor de 1 (muito pouco) a 5 (muito).

| | | | How much provision of cultural heritage? | | | | |
|---|---|---|---|---|---|---|---|
| Landscapes | Provision of cultural heritage? | | Very little | Little | Average | Much | Very much |
| Landscape 1 | Yes | No | 1 | 2 | 3 | 4 | 5 |
| Landscape 2 | Yes | No | 1 | 2 | 3 | 4 | 5 |
| Landscape 3 | Yes | No | 1 | 2 | 3 | 4 | 5 |
| Landscape 4 | Yes | No | 1 | 2 | 3 | 4 | 5 |
| Landscape 5 | Yes | No | 1 | 2 | 3 | 4 | 5 |
| Landscape 6 | Yes | No | 1 | 2 | 3 | 4 | 5 |

9. Caraterísticas sócio-demográficas

a) Qual é o seu género?

1) feminino 2) homem b) qual é a sua idade

1)18-25 2) 26-35 3) 36-45 4) 46-55

5) 56-65 6) >65

c) Qual é a sua nacionalidade?

1) Russo 2) Uzbeque 3) Inglês 4) Outro

d) Qual é o seu nível de educação?

1) Ensino secundário inferior 2)Ensino secundário superior 3)Universidade

10. Nível de educação em Ambiente

a) Qual é o seu nível de educação ambiental?

1) Não tem formação académica 2) pouco 3) média 4) Sim, boa educação

b) É membro de uma associação ambiental?

1) sim 2) não c) Alguma vez viveu no Parque Natural Nacional de Ugam Chatkal?

1) Não, nunca 2) às vezes 3) frequentemente 4) sim, muitas vezes

# ANEXO B

**Tabela Bl.** Variáveis utilizadas na análise da perceção do **CES**

| Variable | Type | Categories | Description |
|---|---|---|---|
| Landscapes | Categorical | 1= High mountains, 2=Traditional meadows, 3= Residential area, 4= Pastures, 5= Forests, 6= Natural lakes | - |
| Socio-demographic characteristics | | | |
| Gender | Categorical | 0= male, 1=female | - |
| Age | Ordinal | 1= 18-25, 2= 26-35, 3=26-45, 4=46-55, 5= 56-65, 6=>65 | - |
| Nationality | Categorical | 1=Russian, 2=Uzbek, 3=English, 4=Others | Tourists from English speaking countries and other nationalities from neighboring countries: Kyrgyzstan, Tajikistan, Turkmenistan, and Kazakhstan |
| Level of education | Ordinal | 1=lower secondary school, | According to Uzbekistan's education system, lower secondary school refers to $9^{th}$ grade school certificate, while upper secondary school means lyceum or college certificate. Tourists holding a |

| | | | |
|---|---|---|---|
| | | 2=upper secondary school, 3=University | university degree have a Bachelor, Master, PhD degree or upper. |
| Environmental behaviour | | | |
| Environmental knowledge | Ordinal | 1= no, 2=little, 3=average, 4=high | The tourists' formal education in environmental sciences and nature-related topics. |
| Member of an environmental organization | Categorical | 1=no, 2=yes | Whether tourist is member of an environmental organization or not |
| Experience with UCNNP landscapes | | | |
| Stays in UCNNP | Ordinal | 1= No, never<br>2= sometimes<br>3= often<br>4= Yes, a lot | The number of previous stays in UCNNP.<br>No, never: no stay before;<br>Sometimes: 1 to 5 stays before;<br>Often: 6-10 stays before<br>Yes, a lot: more than 10 stays before |

**Tabela B2.** A perceção dos inquiridos sobre a oferta dos serviços dos ecossistemas culturais. É indicado o número de turistas que percepcionam o serviço do ecossistema cultural na paisagem (N = número de turistas que percepcionam o serviço, % = proporção relativa de turistas que percepcionam o serviço). Para todos os turistas que percepcionam o serviço, é indicada a perceção média sobre a intensidade da oferta (Nota: Os valores variam entre 1 = muito pouco e 5 = muito).

| Landscape | Opportunities for leisure activities | | | Aesthetic beauty | | | Spirituality | | | Cultural heritage | | |
|---|---|---|---|---|---|---|---|---|---|---|---|---|
| | N | % | Mean | N | % | Mean | N | % | Mean | N | % | Mean |
| Landscape 1 (High mountains) | 74 | 82.2 | 4.3 | 79 | 87.8 | 3.4 | 64 | 71.1 | 3.4 | 81 | 90.0 | 4.1 |
| Landscape 2 (Traditional meadow) | 58 | 64.4 | 3.0 | 84 | 93.3 | 3.6 | 67 | 74.4 | 4.0 | 65 | 72.2 | 3.4 |
| Landscape 3 (residential area) | 69 | 76.7 | 3.2 | 85 | 94.4 | 3.2 | 56 | 62.2 | 3.3 | 56 | 62.2 | 3.2 |
| Landscape 4 (Pastures) | 63 | 70.0 | 3.1 | 84 | 93.3 | 2.7 | 50 | 55.6 | 3.3 | 60 | 66.7 | 3.4 |
| Landscape 5 (Forest) | 72 | 80.0 | 3.8 | 86 | 95.6 | 4.2 | 71 | 78.9 | 4.0 | 77 | 85.6 | 3.6 |
| Landscape 6 (Natural lakes) | 78 | 86.7 | 4.5 | 90 | 100.0 | 4.7 | 61 | 67.8 | 3.5 | 71 | 78.9 | 3.3 |

**Quadro B.3:** Importância percebida pelos inquiridos dos serviços do ecossistema cultural (N=90). Medido como a importância que os turistas atribuíram aos serviços ecossistémicos culturais prestados pelo Parque Natural Nacional de Ugam Chatkal quando decidiram ir de férias ao parque nacional.

| Importance of cultural ecosystem services | Categories | Responses (in %) |
|---|---|---|
| Recreational activities | Very little | 1.17 |
| | little | 9.11 |
| | sufficient | 16.01 |
| | high | 22.92 |
| | very high | 50.78 |
| | Mean (S.D.) | 3.7 (1.91) |
| Spirituality | Very little | 2.25 |
| | little | 7.64 |
| | sufficient | 17.53 |
| | high | 24.26 |
| | very high | 48.31 |
| | Mean (S.D.) | 3.61 (2.00) |
| Aesthetic beauty | Very little | 1.39 |
| | little | 6.78 |
| | sufficient | 12.92 |
| | high | 37.46 |
| | very high | 41.44 |
| | Mean (S.D.) | 3.66 (1.52) |
| Cultural heritage | Very little | 1.01 |
| | little | 7.71 |
| | sufficient | 23.11 |
| | high | 36.63 |
| | very high | 31.54 |
| | Mean (S.D.) | 3.57 (1.39) |

**Tabela B.5:** A influência da origem sociodemográfica dos inquiridos na oferta percebida dos serviços ecossistémicos culturais. Nota: B = coeficiente, SE = erro padrão, OR = Odds ratio. Nível de significância do mercado como * a um nível de p < 0,05.

| | Recreational activities | | Aesthetic beauty | | Spirituality | | Cultural heritage | |
|---|---|---|---|---|---|---|---|---|
| | B(SE) | OR | B(SE) | OR | B(SE) | OR | B(SE) | OR |
| Intercept | 1.65 (1.18) | 5.20 | 2.17(1.69) | 8.76 | 1.12 (0.98) | 3.09 | 1.39(0.99) | 4.03 |
| *Socio demographic characters* | | | | | | | | |
| ***Gender*** | | | | | | | | |
| Male | -0.21 (0.27) | 0.81 | -0.45 (0.43) | 0.64 | 0.04(0.24) | 1.04 | -0.23(0.26) | 0.79 |
| Female | - | - | - | - | - | - | - | - |
| ***Age*** | | | | | | | | |
| 18-25 | 0.33 (0.39) | 1.39 | -0.09 (0.63) | 0.91 | -0.41(0.35) | 0.66 | 0.34(0.39) | 1.44 |
| 26-35 | 0.37 (0.39) | 1.44 | 0.92 (0.65) | 2.51 | -0.42(0.35) | 0.65 | -0.05(0.38) | 0.95 |
| 36-45 | -0.13 (0.35) | 0.87 | 0.44 (0.56) | 1.55 | -0.33(0.34) | 0.72 | 0.05(0.36) | 1.05 |
| 46-55 | - | - | - | - | - | - | - | - |
| ***Nationality*** | | | | | | | | |
| Russian | 0.57 (0.41) | 1.72 | -0.54 (0.72) | 0.58 | -0.05(0.38) | 0.95 | 0.14(0.41) | 0.87 |
| Uzbek | 0.64 (0.30) | 1.86* | -0.51 (0.55) | 0.60 | -0.08(0.27) | 0.92 | -0.04(0.31) | 1.04 |
| English | -0.20 (0.69) | 0.82 | -0.51 (1.21) | 0.60 | -0.22(0.69) | 0.80 | 0.33(0.86) | 1.37 |
| Others | - | - | - | - | - | - | - | - |
| ***Education level*** | | | | | | | | |
| Lower secondary school | -0.64 (0.96) | 0.53 | -0.59 (1.29) | 0.54 | 0.10(0.96) | 1.10 | 21.34(32440.2) | 0.00 |
| Upper secondary school | -0.11 (0.29) | 0.89 | 0.87 (0.49) | 2.39* | 0.09(0.26) | 0.91 | -0.30(0.29) | 0.73 |
| University | - | - | - | - | - | - | - | - |
| *Environmental behaviour* | | | | | | | | |
| ***Environmental education*** | | | | | | | | |

| | | | | | | | | |
|---|---|---|---|---|---|---|---|---|
| No | -0.14 (0.83) | 1.15 | -1.39 (1.33) | 0.25 | 0.02(0.74) | 1.02 | 0.46(0.85) | 1.59 |
| Low | 0.21 (0.53) | 0.81 | -0.27 (0.84) | 0.76 | 0.12(0.46) | 1.13 | 0.29(0.48) | 1.34 |
| Enough | 0.28 (0.48) | 0.76 | -0.42 (0.76) | 0.65 | -0.14(0.40) | 0.87 | 0.53(0.42) | 1.69 |
| Good | - | - | - | - | - | - | - | - |
| ***Membership of environmental organization*** | | | | | | | | |
| No | -0.30 (0.79) | 0.74 | -0.38 (1.04) | 0.69 | 0.20 (0.67) | 1.22 | -0.74(0.64) | 0.48 |
| Yes | - | - | - | - | - | - | - | |
| *Experience with the landscape* | | | | | | | | |
| ***Stays in UCNNP*** | | | | | | | | |
| Never before | -0.70 (0.98) | 0.49 | 0.89 (1.38) | 2.43 | 0.12(0.82) | 1.13 | -0.58(0.82) | 0.55 |
| Sometimes | -0.77 (0.98) | 0.46 | 0.52 (1.38) | 1.69 | -0.04(0.83) | 1.04 | -0.29(0.82) | 0.75 |
| Often | -0.42 (1.03) | 0.66 | 1.05 (1.52) | 2.86 | 0.12(0.89) | 1.12 | -0.38(0.89) | 0.68 |
| Very often | - | - | - | - | - | - | - | - |

Printed by Books on Demand GmbH, Norderstedt / Germany